地球霸主恐龙

魏辅文 主编　　智慧鸟 编绘

南京大学出版社

图书在版编目（CIP）数据

地球霸主恐龙 / 魏辅文主编 ； 智慧鸟编绘.
南京 ： 南京大学出版社，2025. 3. -- (我是小科学家).
ISBN 978-7-305-28625-4

I. Q915.864-49

中国国家版本馆CIP数据核字第2024NL4519号

出版发行 南京大学出版社
社　　址 南京市汉口路22号
邮　　编 210093
项 目 人 石　磊
策　　划 刘雪莹

丛 书 名 我是小科学家
DIQIU BAZHU KONGLONG
书　　名 地球霸主恐龙
主　　编 魏辅文
编　　绘 智慧鸟
责任编辑 巩奚若
印　　刷 南京凯德印刷有限公司
开　　本 787 mm×1092 mm 1/16开　印　张 9　字　数 100千
版　　次 2025年3月第1版
印　　次 2025年3月第1次印刷
ISBN 978-7-305-28625-4
定　　价 38.00 元

网址 http://www.njupco.com
官方微博 http://weibo.com/njupco
官方微信 njupress
销售咨询热线 （025）83594756

目 录

目 录

目 录

目 录

恐龙是什么？

恐龙是一种爬行动物，大约出现在2.3亿年前的三叠纪，在侏罗纪和白垩纪进入空前繁盛时期，在距今6600万年的白垩纪突然消失。它们是当时世界上的霸主，称霸时间长达1.6亿年之久，是目前人类在地球上生存时间的50多倍，因此被称为“行走在地球上的最成功的动物”。

恐龙的种类繁多，分布极其广泛，其足迹遍布全球，现在在美国、蒙古国、中国、阿根廷等地发现的恐龙化石是最多的。

恐龙的习性各异，既有性情温和的植食性恐龙，又有凶残好斗的肉食性恐龙；既有身材高大、体态臃肿的大型恐龙，又有体态轻盈、反应灵敏、身材娇小的小型恐龙。科学家根据它们的腰臀骨骼（解剖学上称为腰带）结构，将其分为蜥臀目和鸟臀目两大类。

值得一提的是，在恐龙生活的那个年代里，它们并不孤单，而是有很多邻居。由于当时气候温暖潮湿，植被繁茂，除了恐龙称霸陆地外，很多鱼类、两栖类、早期鸟类和哺乳类以及大量无脊椎动物等也在海、陆、空各自的生态位繁衍生息，呈现出一派热闹繁荣的景象。也正是这种生物的多样性，才为恐龙在地球上称霸一亿多年提供了有力的保障。

“恐龙”这个名字是怎么来的?

恐龙被称为地球上最优雅、精明的动物，那么它的名字是谁给起的呢？那就不得不提到英国古生物学家理查德·欧文了。他是一位非常杰出的古生物学家，对中生代爬行动物有着深入的研究，知识相当渊博。

1842 年，欧文对英国的古爬行动物化石进行总结性研究时，发现其中的禽龙、巨齿龙和林龙的化石与其他化石不同。这些动物不但体形巨大，而且肢体和脚爪有点像大象等厚皮哺乳动物。更让他觉得惊奇的是，禽龙等动物并不像其他爬行动物那样腹部贴着地面匍匐前进。它们的柱状肢体

位于躯干之下，能支撑躯体离开地面，并且可以自如地在陆地上行走、奔跑，甚至跳跃。

欧文突然意识到，这类古生物应该是另外一个新的物种。为了将它们与其他类似动物区别开来，他便给这类的古生物起了一个特殊的名字“Dinosauria”，即“恐怖的蜥蜴”，翻译成中文就叫作“恐龙”。

恐龙是在什么时期出现的？

在古生代至中生代期间，地球上存在一个超大陆，现今所有各大洲的大陆都连在了一起，人们称其为“泛大陆”或“盘古大陆”。

当时，两极并没有陆地，海岸线也比今天要短得多。气候温暖干燥，没有任何冰川的迹象，在靠近海岸的地方气候比较湿润、草木茂盛。由于陆地的面积非常广阔，带湿气的海风无法进入内陆地区，所以大陆中部的气候相当干燥，形

成了一个很大的沙漠。原本生活在海底的生物和一些植物也因为环境的变化慢慢灭绝了。

就在这时，地球上出现了一个新的物种——恐龙。据说，它和现在的爬行动物都是从主龙类演化而来的。为了适应不断变化的环境，主龙类逐渐分化成了两个主要演化分支。一支是假鳄类，这个支系包括了现代鳄鱼和其所有灭绝的亲缘群体，如三叠纪和侏罗纪的鳄形类动物。而另一支则

演化成鸟跖类，几乎所有的鸟跖类都属于鸟颈类，而恐龙和翼龙正是属于鸟颈类的新生动物。

那个时候，耐寒的蕨类植物和苏铁类植物生长茂盛，为恐龙的生存提供了丰富的食物来源。一些似哺乳类爬行动物和其他原始爬行动物为了与恐龙争夺栖息地和食物而展开了激烈的斗争。虽然开始的时候恐龙个头还很小，数量也很少，但是相对于那些只会爬行的似哺乳类爬行动物，恐龙的优势是显而易见的。它们可以依靠长腿大步前进，快速捕杀猎物，并在危险靠近时迅速躲藏或逃离现场。

就这样，恐龙在不断的竞争中取得了优势，并且不断繁衍生息，最终成为地球的主宰者。

恐龙有多大呢?

尽管恐龙是以巨大的体形而著称于世的，但并不是所有的恐龙都巨大无比，有很多恐龙的体形和人的体形差不多。但平均而言，恐龙还是比古今任何的陆生动物都要大。

我们最熟悉的霸王龙就是恐龙世界中的“重量级人物”。它不仅是有史以来体形最大的陆地食肉动物之一，而且是白垩纪晚期最凶残的动物。成年霸王龙的体重可达 8 吨以上，直立起来高度可达 4.5 米，身长可达 12 米。它有一张宽约 1.2 米的血盆大口，一口能吞下数百千克的食物。嘴里

布满的那些参差不齐像匕首一样的牙齿能咬穿猎物的骨骼。

虽然霸王龙的体形很是惊人，但它并不是最高的恐龙，比如梁龙就比霸王龙高。梁龙是一种以树叶和蕨类植物为食的植食性恐龙，生活在1.52亿年前的侏罗纪晚期。梁龙的身高可达18米，它的脖子长度可能超过10米，这使得它可以吃到大树顶端的叶子。

除了这些“巨无霸”外，还有一些“小精灵”，如嗜鸟龙和美颌龙。嗜鸟龙的身体和一只山羊差不多大，最明显的特征就是头顶上有一个小型头盖。它体重很轻，具有超常的视觉能力，不仅能快速追捕猎物，还能迅速辨认出奔跑或躲藏在蕨类植物及岩石下面的蜥蜴和小型哺乳动物。美颌龙比嗜鸟龙还要“袖珍”，全长约100厘米，有着轻巧的脑袋、灵活的脖子和像鸟类一样细长的身体，除去长长的尾巴，身体也不过母鸡般大小。

你知道恐龙饿了吃什么吗?

恐龙的体形如此庞大，吃什么东西才能维持它们的生活呢？原来，恐龙的口味并不一样，它们有的喜欢吃肉，有的则喜欢吃素，还有的既爱吃肉也爱吃素。

在恐龙生活的那个年代，气候温暖，主要生长着一些耐干旱的银杏、种子蕨类、苏铁以及拟苏铁类植物，在靠近赤道和干燥的地区出现了斑点松和苏铁林，而在靠近海岸的湿润地区则密布着木贼属植物。这些植物为植食性恐龙提供了丰富的食物，植食性恐龙又为肉食性恐龙提供了食物，就这样形成了一个食物链。

那么，如何辨别肉食性恐龙和植食性恐龙呢？一般肉食性恐龙头大、嘴巴大，长着又大又弯的利牙，后肢有力而前肢很短。它们都要靠后肢行走，并支撑起整个庞大身躯的重量，因此行动速度不是很快，主要以其他的恐龙为食，有时也会吃动物腐烂的尸体。植食性恐龙的牙齿多平而直，没有锯齿，只能上下相对地挤压切割，把枝叶弄碎，有些则直接把树叶吞进肚子里，慢慢消化。

人们是怎么发现恐龙的?

恐龙早在6600万年前就灭绝了，那么人们是怎么发现它的呢？秘密就在地壳里的恐龙化石里。

原来，恐龙死后尸体会随着泥沙的沉积埋在地球深处。经过很长的时间之后，在一定的条件下这些沉积的泥沙就会慢慢变成岩石，而恐龙的尸体早已腐烂，没有腐烂的骨骼就随着泥沙逐渐变成了像岩石一样坚硬的化石了。

我们在博物馆里看到的恐龙骨架都是人们根据恐龙的骨骼化石重新塑造的模型。恐龙化石很容易被破坏，所以挖掘时必须小心翼翼。为了不损伤化石，我们需要先隔一层纱布，然后将石膏灌在表面，再整块地运回化石修复室，这就是通常说的“石膏包取骨法”。

恐龙的粪便也能形成化石吗？

恐龙的牙齿和骨骼化石是人们最熟悉的化石，这些都被称为体躯化石。除此之外，恐龙的足迹、巢穴、粪便或觅食痕迹等也有可能形成化石被保存下来，这些则被称为生痕化石。这些化石都是科学家研

究恐龙的主要依据，人们可以根据这些化石推断出恐龙的类型、数量、大小等情况。

由于粪便非常柔软，因此恐龙的粪化石比骨骼化石要稀有。但是粪化石非常有用，我们可以根据粪化石来判断恐龙是植食性、肉食性，还是杂食性的。这是因为粪化石的保存需要依靠它原有的有机质含量、水量、存放地点和埋藏方式。肉食性恐龙的粪化石更容易被保存下来，因为它们所捕食的动物能提供更高含量的矿物质，而矿物质能长时间保留在粪化石中。另外，对粪化石保存影响最大的是恐龙排泄粪便的位置，往往最好的地方就是一个连接着河流的涝原，这样粪便经过轻微的脱水后，会在河流涨潮期迅速被埋藏。

目前，蜥脚下目恐龙的粪化石是保存最多的。

恐龙化石很珍贵吗？

恐龙化石对科考研究有着非常重要的作用，古生物学家们通过对恐龙化石的研究，了解了恐龙的起源、演进、分布、灭绝等，但恐龙化石是非常难得的。大家都知道很多恐龙在死后，有些尸体被食腐动物吃掉了，有些因细菌分解而腐烂，而要形成真正的化石，还必须有一定的条件。大约数千万只恐龙中能有一只恐龙形成化石，就已经相当不错了。

即使是化石形成了，它在露出地表的过程中还会遇到很多危险。假如周围的岩石发生弯曲变形，化石就会被压坏；如果岩石的温度过高发生熔化，那么藏在里面的化石也难逃此劫。躲避过这些还不算，要是人们没能在岩石中找到化石，时间长了，化石就会受到风雨侵蚀，从而破裂，消失得无影无踪。因此，恐龙化石是十分珍贵的，属于一种不可再生资源。

位于云南楚雄彝族自治州禄丰市境内的禄丰是世界已知最原始、最古老、种属最多、数量最多、埋藏最集中、保存最完整、研究价值最高的恐龙化石产地。1938 年，“中国恐龙之父”杨钟健先生在禄丰发掘出了中国第一具恐龙骨骼化石标本，使禄丰成为闻名世界的“中国恐龙之乡”和“世界恐龙之乡”，并由此揭开了中国恐龙研究史上最为辉煌的篇章。在禄丰市川街乡阿纳村同一地点同时发现了早、中、晚侏罗纪时代的恐龙化石群，这在世界上是独一无二的。

第一块恐龙化石是谁发现的?

恐龙骨骼的化石在很早曾被挖掘出来过，但在当时人们还没有意识到这是远古的生物，所以没有重视，直到近代才有了相关的保存下来的记录或描述。

有关恐龙化石最早的记录是在1677年，当时英国牛津大学的化学教授罗伯特·普洛特在他所著的《牛津郡自然史》一书

中描述道:“这是一块在采石场被发现的腿骨化石。”出于好奇,他还专门为这块化石画了一张素描插画,并特意指出这个大腿骨既不是牛的,也不是马或大象的。虽然他当时并没有将这块化石和爬行动物联系起来,更想不到那块骨头出自远古时期已经灭绝的物种恐龙,而是猜测这可能是一个巨大的男人或者女人的骨头,并引用了大量的神话来证明自己的想法。按照普洛特的描述,当代科学家们认为那块腿骨化石实际上是生活在侏罗纪中期的肉食性恐龙——巨齿龙的股骨末梢。

1787 年,卡斯帕·威斯特和蒂默西·马特莱克在美国新泽西州发现了一块巨大的骨骼化石。虽然他们将这一重大发现报告给了政府,却没有受到重视,而且也无从考证。这也许是在北美洲收集到的第一块恐龙化石。

1820 年，英国的吉迪恩·曼特尔夫妇在一处正在修建的公路两旁开凿出的陡壁的岩层中发现了一块巨大的牙齿化石和许多骨骼化石，这是他们从来没有见过的。当时的很多专家都认为这颗牙齿属于某种庞大的爬行动物，并把它命名为“鬣蜥的牙齿”。后来，随着发现的化石越来越多，人类对这些远古动物的认识越来越深入，人们才推断出这种动物实际上是种类繁多的恐龙家族的一员，它确实与鬣蜥一样属于爬行动物，但是它与真正的鬣蜥的亲缘关系比与其他种的恐龙的关系还要远呢！它就是禽龙，因此禽龙成为科学史上最早被记载的恐龙，曼特尔夫妇也成为恐龙化石的发现者，被人们永远铭记在心。

为什么中生代被称为“恐龙时代”？

“中生代”一词是由英国地质学家 J. 菲利普斯在 1841 年首先提出来的，表示这个时代的生物具有古生代和新生代之间的特征。中生代是地球历史上最引人注目的时代之一，开始于 2.5 亿年前，结束于 6500 万年前，按时间顺序分为三叠纪、侏罗纪和白垩纪。

当时的气候温暖，爬行动物空前繁盛，种类繁多，占领了海、陆、空三大生态领域，恐龙就是当时的陆上霸主，因此这一时代也被称为“爬行动物时代”“恐龙时代”。在这个漫长的时间里，恐龙经历了出现、繁荣、灭亡这样一个过程，在地球上生活了近1.6亿年，足迹几乎遍布世界，占据了各个大陆的生态区，被称为地球上生活过的最成功的物种之一。

三叠纪标志着恐龙时代的到来，它始于2.5亿年前，结束于2亿年前，共延续了约5000万年，这一时期恐龙刚刚出现。

侏罗纪开始于2亿年前，结束于1.45亿年前，这一时期是恐龙发展的鼎盛时期。各类恐龙济济一堂，构成了一个千姿百态的恐龙世界。

白垩纪约开始于1.45亿年前，结束于6500万年前。这一时期恐龙依然占据统治地位，但到了白垩纪晚期，由于环境突变，恐龙和它的同伴们悄然灭绝，退出了历史的舞台。

在整个中生代的进程中，早期的大型动物的种类和数量一直在逐渐减少，而小型动物逐渐增多，包括蜥蜴、蛇，可能还有哺乳类、灵长类的祖先。恐龙就是这个时期繁盛起来的特殊物种，但在白垩纪末灭绝事件中恐龙并未幸免于难，它和一些大型的主龙类都突然消失，而鸟类和哺乳类却存活至今。

恐龙的所有骨头都会变成化石吗？

到目前为止，科学家们仍然在世界各地寻找恐龙化石，并企图揭开恐龙留给人们的众多谜底。

那么，恐龙死后全身的骨头都会变成化石吗？当然不是！恐龙的尸体要经过复杂而漫长的过程才能变成化石。试想一下，假如一只恐龙病死或者饿死了，它的尸体会被一些食肉动物或者昆虫吃得只剩下一副骨架。而这副骨架也不能完全被保留下来，因为它极有可能被路过的其他动物不小心一脚踩断，这样就只剩下一块又一块断了的骨头，这些断了的骨头也可

能经过长时间的风化而所剩无几。因此，能够完整保存下来的恐龙骨架是极其罕见的。

那些有幸存留下来的骨架经过数百万、数千万年之后，骨头就有可能变成化石。这些化石有的被人们发现，而有的还依然埋藏在地下的岩层中。完整的化石保留下来需要很苛刻的条件，加上要找到恐龙化石的难度很大，所以要发现一只完整的恐龙骨骼化石那更是难上加难！

恐龙也要睡觉吗？

尽管恐龙化石为科学家研究恐龙提供了非常大的帮助，但是人们对恐龙的生理学特征还是知之甚少。根据目前掌握的很多资料和对恐龙的“亲戚”，如对鳄鱼和鸟类等物种的生活习性进行的研究，科学家猜测恐龙也是需要睡觉的。

现在的食肉动物（无论是温血动物还是冷血动物）在迅速捕杀猎物并饱餐一顿后，都会回到巢穴美美地睡上一觉，以利于食物的消化和吸收。如恐龙的“亲戚”蜥蜴在捕食完老鼠之后就会躲起来休息；而狮子和印度豹等即使不进行捕猎，也会把大部分时间用于睡觉和懒洋洋地打盹儿。以此类推，像霸王龙和恐爪龙这样的肉食性恐龙就需要更长的时间去睡觉。相对于肉食性恐龙，植食性恐龙就没有那么多时间和机会睡觉了，因为它们需要更多的食物来补充营养，所以需要花费更多时间寻找食物。

那么恐龙的睡姿又是怎样的呢？科学家推测，双足的恐龙可能需要躺下睡觉，而有着长长的脖子和尾巴的雷龙、迷惑龙，则可以凭借着身体的优势，四脚站立着睡觉。

我们看过很多有关“恐龙”的影视片，也在自然博物馆中看见过“恐龙”的模型，它们一般肤色暗淡，有的呈土黄色，有的呈灰绿色，和现在的大象的皮肤差不多，那么恐龙到底是什么颜色的呢？

众所周知，恐龙早在6600万年前就已经灭绝，现在留存下来的是恐龙的骨骼、足迹、粪便等的化石。科学家通过丰富的想象和这些存留的化石复原了恐龙身躯，使我们看到了完整的、栩栩如生的恐龙形象。经过长期深入考证，科学家对于恐龙的种类、高矮、胖瘦、饮食、生活环境等问题也逐步搞清楚了。然而恐龙究竟是什么颜色到现在还是一个难解之谜，因为我们谁也没有见过活恐龙！

恐龙都是什么颜色的呢？

虽然人们一度将希望寄托在恐龙的皮肤化石上，但是发现这种化石几乎和上天摘星星一样难。比皮肤都要坚硬的骨头要想变成化石都那么难，更何况是皮肤呢？

幸运的是，1908年，人们在美国的怀俄明州发现了鸭嘴龙的皮肤化石，这只可怜的家伙是在一场沙尘暴中被埋在了地下。但通过研究得出的结论是，恐龙的鳞片结构和鱼类的鳞片结构是不同的，恐龙的鳞片是平铺的，而鱼类的则是重叠相压的，因此并不能判断出恐龙的颜色。

人类的肤色是由黑色素的多少决定的，人们也试图通过黑色素的多少来研究恐龙的颜色。可是黑色素很容易分解，尸体内是不会有黑色素存留的。恐龙体内也许含有黑色素，但是当它死后黑色素也就被分解了。

关于恐龙的颜色，科学家们各有各的观点和理论。将众多的观点折中考虑，一般认为，大型恐龙是色彩单调暗淡的，中小型恐龙则是多种色彩的；植食性恐龙的色彩是土黄或草绿色的，肉食性恐龙是色彩斑斓的；在同类恐龙中，雄性恐龙的色彩鲜明，而雌性恐龙的色彩单调。但这些关于恐龙颜色的描述都是想象出来的，因为世界上没有人真正见过活的恐龙。

恐龙也有木乃伊吗？

恐龙木乃伊指的是保存有软组织化石的恐龙尸骨。自然的木乃伊化石是在极端的自然环境下长久保存的尸体。一些尸体在极低温、酸性、极干旱或盐度极高的环境下埋藏，可以自然长久地保存。恐龙木乃伊化石是存在的，只是极其少见。

1998 年，在意大利的一处石灰岩地层中出土了一个虚骨龙类恐龙化石，名为棒爪龙。这个幼年体化石保存了极为完好的软组织痕迹，包含部分小肠、结肠、肝脏及肌肉。1994 年，业余古生物学家奈特·墨菲发现了一个完整、无受损的短冠龙头颅骨。之后，墨菲的挖掘团队挖出了更多木乃伊化的鸭嘴龙类恐龙化石。

2000年，科学家发现了一块关节完全连接的未成年短冠龙化石，并且部分被木乃伊化，这是最壮观的恐龙化石发现之一，并且被列入《吉尼斯世界纪录大全》。

更惊人的是在2007年，在美国北达科他州发现了世界上保存最完好的一具“恐龙木乃伊”，它保存了大部分外皮组织、肌肉、肌腱乃至消化系统内的食物。科学家们为此惊呼，这项发现可被称为“古生物学上的圣杯”。

它的发现有着重大的意义，尽管100多年前科学家就曾发现过恐龙木乃伊，但这具新发现的恐龙干尸依然给了科学家们巨大的震撼。新发现的这具恐龙化石是鸭嘴龙，是一类较大型的鸟臀目恐龙，它们是恐龙家族的最后生存者之一。化石的尾部、前肢、后腿上的皮肤没有脱落或者塌陷，在先进的仪器扫描下，内部肌肉甚至肌腱都清晰可见，并完好无损；在三维技术支持下，研究人员甚至可以看清恐龙的内脏。

研究人员称，一直以来，科学家和电影制作人可能弄错了恐龙的外貌和体形，它们看起来可能比科学家们想象得更加巨大和漂亮。

恐龙的全盛时期是在什么时候？

侏罗纪得名于法国、瑞士交界处的一座侏罗山（汝拉山），它是中生代的第二个纪，开始于 2 亿年前，结束于 1.45 亿年前。这一时期是恐龙发展的鼎盛时期，各类恐龙济济一堂，构成了一个千姿百态的“龙”的世界。天空中的翼龙也相继出现，脊椎动物首次占据了海、陆、空三大生态领域。

在侏罗纪中期，盘古大陆开始分裂，后来在地壳裂缝中出现了比较狭窄的大西洋，不断上升的海平面淹没了陆地上的许多低洼地带。当时和恐龙共同生存着的还有似哺乳类爬行动物、蛇颈龙、鱼龙、翼龙等种类繁多的动物。突然有一天，一块巨大的陨石落在了地球上，顿时地面上燃起熊熊大火，灰尘遮蔽了整个天空，

气温骤然下降，很多动物都在这次突如其来的灾难中因来不及逃生不幸遇难，而恐龙却生存了下来。不仅如此，它们还成为这次灾难的受益者，不但竞争对手灭亡了，而且它们可以靠吃死去的动物的尸体来维持生活。这些丰盛的食物为它们提供了充足的营养，它们身体越来越强壮，繁殖速度加快，迎来了生存的全盛时期。

到了侏罗纪中期，大陆分开后，气候环境也开始发生变化，涌入裂缝中的海洋带来了湿润的风，给内陆的沙漠带来丰沛的雨水，使全球的气候变得比较暖和，整个地球好像要变成热带雨林了。温暖湿润的气候和大量的雨水为陆生植物的生存和繁殖提供了有利的条件，许多植物如遇甘露，迅速蔓延至不毛之地。低矮的蕨类植物长成了茂密的灌木林，裸子植物达到了极盛时期，特别是苏铁类和银杏类，松柏类也占据了重要的地位，乔木和灌木混合成林，形成了一派欣欣向荣的景象。

茂盛的植物为恐龙提供了充足的食物来源，舒适的环境为它们创造了繁衍的机会，恐龙发展到了鼎盛时期，成为陆地上出现过的最大的动物。当时的针叶树、椰子树、苏铁等高达 20 多米，喜欢吃这些树的树叶的植食性恐龙为了获取更多的食物，脖子也越长越长；以植食性恐龙为食的肉食性恐龙的数量也越来越多。

从北到南，恐龙的足迹无处不在。如果当时有 100 只动物，那么可能有 60 只都是恐龙，你可以想象它们的数量是多么庞大。

恐龙有朋友吗?

在恐龙称霸地球的漫长岁月里，是有很多朋友陪伴的，如在广阔的天空中有飞行的翼龙，在水中有鱼龙、蛇颈龙、沧龙、幻龙等，但它们和恐龙是不同种类的动物。

翼龙的脑袋很大，嘴巴里长有牙齿，外形很像鸟。它的身上长有皮毛，但翅膀上没有羽毛，翅膀展开时可达 8 米，尾巴像舵一样，可以用来调整飞行方向。

鱼龙是类似鱼和海豚的一种大型海栖爬行动物，身体呈流线型，没有脖子，身体后面有和鱼类一样的尾鳍，有些背上还长有肉质背鳍。

蛇颈龙的头部较小，脖子很长，尾巴稍短。它的嘴里长着许多锥形牙齿，以捕食鱼类为生，身体上长着四个像桨一样的鳍，游泳速度非常快！

沧龙的身体细长，吻部又长又尖，嘴里长满了锋利的牙齿，鼻孔长在头顶上，四肢扁平，成为鳍脚，扁平的尾巴可以划水。

幻龙的外形和鳄鱼比较相似，脑袋很小，脖子细长，身体后半部呈流线型，有一条扁平的尾巴，强壮有力的四肢上还长有脚趾和蹼。

你知道恐龙公墓吗？

地下大量恐龙遗骸集中埋在一处的现象，就叫作“恐龙公墓”。恐龙公墓是恐龙时代留给今天的最有价值的“自然遗产”之一，它是一种自然现象，不是人为形成的。墓中的恐龙一般会有多种，往往是恐龙生前突然遭遇某些自然灾难而被迅速埋葬。因尸骨埋得快，大量不同种类的恐龙会保持死亡瞬间的状态，所以墓中常保存有比较完整的化石骨架。

恐龙公墓很少，比利时伯尼萨特禽龙墓是 1877 年至 1878 年间，矿工在地层深处挖掘坑道时发现的。经过比利时皇家自然历史博物馆的古生物学家鉴定，这些巨大的动物的骨骼化石属植食性恐龙——禽龙，数量竟然达到 39 只，其中有许多骨架保存得

相当完整。人们花了三年时间，费了很大的功夫才把这些化石从地下挖出，然后送到博物馆进行研究。科学家通过研究推测，在 1.4 亿年前，伯尼萨特曾经有一个又深又陡的峡谷。生活在附近的禽龙，有时会被突发的山洪冲下深谷摔死并被沉积物掩盖，然后变成化石。这些禽龙不是在同一时间跌进峡谷的，所以它们死亡的时间不同。这个公墓是经过较长的时间逐渐形成的。

艾伯塔省恐龙公园位于加拿大西南部的艾伯塔省东南部的红鹿河谷地，是世界上已知的恐龙化石埋藏最丰富的地区之一，也是白垩纪恐龙化石的集中地。这是一个露天的恐龙博物馆，自 19 世纪 80 年代开始，人们已经在这里找到了 60 种不同种类的恐龙、300 多块高质量的恐龙骨骼化石。

美国国立恐龙公园位于犹他州东北部与科罗拉多州的交界处，面积300多平方千米，是目前世界上最大的恐龙公园之一。在这里可以见到侏罗纪晚期的主要恐龙种类，如巨大的梁龙、雷龙、圆顶龙，形态奇异的剑龙以及凶猛的肉食龙异特龙等，还有伴生的动植物化石，被称为“世界上最奇特的恐龙遗骨贮藏所”。

我国四川自贡恐龙公园位于四川省自贡市东北郊的大山铺镇附近。它与美国犹他州国立恐龙公园和加拿大艾伯塔省恐龙公园合称为“世界三大恐龙博物馆”。这里有一大批世界级恐龙化石珍品，几乎涵盖了侏罗纪时期所有陆生脊椎动物门类，尤其这里产出的中侏罗世恐龙化石数量丰富，种类众多，埋藏集中，保存完整，在世界上绝无仅有，被誉为“东方龙宫”。

为什么有些恐龙喜欢吃石头呢?

百年前，美国的中央亚细亚考察队在蒙古国发现了大量的鹦鹉嘴龙的骨骼化石，在这些恐龙的肚子里竟然有 112 块光滑的小石子；在美国蒙大拿州一处恐龙墓地中也找到了上千块这样的小石子。后来人们注意到，在植食性恐龙骨骼化石发现的地方，经常能见到这种表面已经被磨光滑的小石子。那么，这些恐龙为什么会吃石头呢?

经研究发现，植食性恐龙的牙齿一般不能用于咀嚼，而主要是用来帮助把植物吞进肚子里。由于它们的体形巨大，食量也大得惊人，有的一天要吃一吨多食物，所以它们忙着找食物，吃下去的食物根本顾不上细嚼慢咽，于是吃一些石头到胃里帮助磨碎食物，这些石头叫“胃石”。

当植物进入恐龙的胃里以后，与消化液混合在一起变软，当胃部肌肉不断蠕动时，这些小石子就像搅拌机的刀片一样不停地上下运动，把变软的植物搅成浓厚、黏稠的浆状物，这样恐龙就可以吸收里面的营养了。

胃石不易被磨碎或风化，保存为化石的机会比骨骼多。在地层中，只要发现了胃石，就算没有发现其他化石，古生物学家也能知道恐龙曾在这儿生活过。

恐龙怎么长得那么快呢?

恐龙刚刚出现的时候还是非常小的，那为什么到了后来身体会变得如此庞大呢？除了丰富的食物来源是一个原因外，更重要的还在于它们自身骨骼的特殊性。

如果仔细观察恐龙的骨骼，你会发现它的骨骼都是由软骨组成的，软骨一旦吸收营养就会生长得很快。

侏罗纪时期的恐龙一点儿也不愁吃，因此它们不会去控制饮食，经常过量饮食，甚至变成“大胃王”。这使得它们的软骨吸取了大量的营养，生长速度变得飞快，身体也就越变越大。当时的肉食性恐龙体长可达 20 多米，身高能超过 7 米。

不仅如此，我们还能从恐龙的骨骼中获取其他的秘密，那就是用骨骼来判断年龄。植食性恐龙的骨骼就像大树一样，上面是有年轮的，如果上面有 30 道年轮的话就说明这只恐龙已经活了 30 年。但是肉食性恐龙的骨骼是空心的，也没有什么年轮，即使科技非常发达的现在，人们还是很难靠先进的技术来判断肉食性恐龙的寿命。

恐龙的生活状况怎么样？

和其他动物一样，恐龙的生活方式也是千差万别的。恐龙的口味并不一样，有的喜欢吃肉，有的则喜欢吃素，还有的荤素通吃。

一般肉食性恐龙都拥有锐利的牙齿和爪子，这是它们捕食的武器。有些恐龙喜欢单独行动，有些则喜欢群体围攻，当锁定目标后，它们会蜂拥而上，用利爪割开猎物的腹部，开始共享美餐。而植食性恐龙则有

一些特殊的“装备”，如坚韧的皮甲、骨棒、骨钉或者长而有力的尾巴，这些都是对付那些前来入侵的肉食性恐龙的最好武器。当危险来临时，这些体形庞大的恐龙，就会集体坚守阵地并予以反击。

恐龙除了觅食、防御敌人外，还要修筑巢穴，并肩负着繁殖和养育下一代的艰巨任务。许多恐龙会把蛋直接产在泥沙中掩埋；有些则会专门为恐龙宝宝建好“产房”，静静等待它们的出生。有些恐龙妈妈会留在巢边精心地保护自己的孩子；有些恐龙妈妈则非常不负责任，产完蛋后便一走了之，任小恐龙自生自灭。

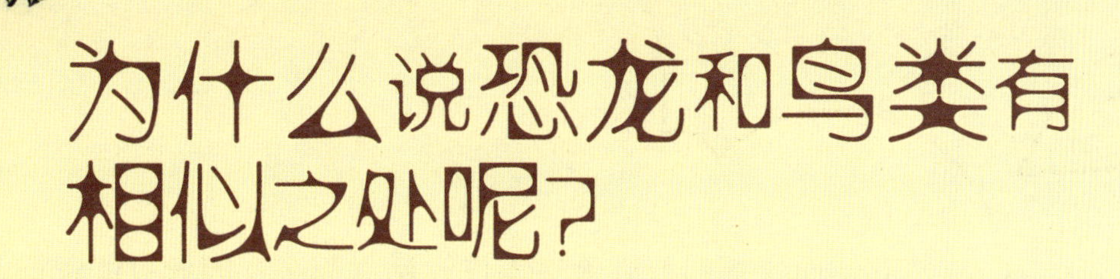

为什么说恐龙和鸟类有相似之处呢？

在今天的动物中，仅从外形来看，蜥蜴和鳄鱼等爬行动物更像恐龙的近亲，但事实并非如此，恐龙其实和鸟类的相似处更多一些，不要惊讶，这可是有据可依的。

第一，恐龙和鸟类的骨骼有很多相似之处，这种相似处至少有 100 多处，而且它们当中的很多都是鸟类和恐龙独有的，这种骨骼形态就为鸟类和恐龙有很近的亲缘关系提供了很好的证据。如鸟类和一些恐龙可以靠双腿来支撑身体

站立，而蜥蜴的腿则无法支撑它站立起来，因此只能爬行。有的鸟类和恐龙不仅能够站立，而且还能快速地奔跑。

第二，鸟类和恐龙中大部分种类的身上都有羽毛。在小型、无飞行能力的恐龙中，羽毛的发育最早是为了保温，而且它的出现明显早于鸟类。如小盗龙、北票龙身上都有类似鸟类的羽毛，这些羽毛不仅漂亮，而且在冬天可以起到御寒的作用。

第三，鸟类和恐龙的一些行为也比较相似，它们都会产蛋，都会聚居，会抚养自己的孩子。最有说服力的就是窃蛋龙，它具有像鸟类一样的孵卵行为，从动物行为学上证实了小型兽脚亚目恐龙和鸟类的关系很近。

当然，它们之间也有不同之处，如鸟类有翅膀，而恐龙没有。科学家对鸟类的祖先——始祖鸟进行了研究，它是和恐龙生活在同一时代的一种动物，其身体大小介于鸽子和乌鸦之间。它的外形既像恐龙又像鸟类，长着和鸟类一样的翅膀，但翅膀的尾端还长有类似恐龙脚趾的东西。因此，科学家们推断鸟类的翅膀是从恐龙的前腿进化而来的。

恐龙蛋是不是很大呀？

恐龙都是大个子，而且硕大无比，如蜥脚下目恐龙长达几十米。如此庞大的家伙下的蛋却有点儿不“争气”，和自己相比，简直不成比例。考古发现的恐龙蛋化石有大有小，已知最小的恐龙蛋直径仅 2 厘米多，而大多数恐龙蛋的平均直径在 10 ~ 20 厘米之间，

与鸵鸟蛋差不多大，最大的也不过50厘米左右，而且数量极少。这究竟是什么原因呢？

原来，恐龙下的蛋这么小是有一定道理的：假如恐龙蛋太大，蛋白和蛋黄的重量大，蛋壳很容易破碎。恐龙蛋蛋壳厚3～7毫米，已经是蛋类中最厚的蛋壳了。如果蛋壳再厚一些，不仅小恐龙孵化后钻不出来，而且空气也很难进去，没有充足的氧气供给小恐龙呼吸。并且蛋小可以多产卵，因为小恐龙的成活率很低，多产卵可以降低后代绝种的概率。

另外，爬行动物的特点是不断地长身体，活多少年长多少年，别看小恐龙刚孵出来时小得可怜，慢慢就会长成像它父母一样的庞然大物。

恐龙蛋是怎么孵化的呢?

根据发现的恐龙蛋化石，我们可以推断出恐龙蛋有圆形、卵圆形、椭圆形、长椭圆形和橄榄形等多种形状，而且它们的大小悬殊，小的与鸭蛋差不多，大的直径超过 50 厘米，蛋壳的外表面光滑或具点线饰纹。

恐龙蛋化石埋藏比较集中，蛋化石一窝一窝产出。蛋化石的埋藏地一般都位于古湖盆的边缘，因此可以推测，到了繁殖季节，恐龙也有群聚产蛋的习性，这些都和乌龟的习性很相似。

恐龙通常会把蛋产在植物生长繁茂的湖沼岸上，它们对

湖沼岸的土质似乎没有严格选择。不同的恐龙产蛋的方式不同，蛋在窝内排列的方式也不同。例如，产长形蛋的恐龙，在产蛋前先在选择好的地点把泥沙堆得稍微上隆，然后把蛋产在四周，所有的蛋都是两两一对，呈辐射状排列，产完一层蛋后埋上一些土再产蛋。一般数十个蛋组成一窝，最后扒一些泥沙盖上。而产圆形蛋的恐龙，产蛋前先在选择好的地点挖出一些蛋窝，然后把蛋产在窝内，产完蛋后扒一些泥沙掩埋上。这种方式产下的蛋，在窝内的排列无一定规律，或有的蛋靠得比较近一些。有些恐龙产完蛋后就借助太阳光提供的热量进行自然孵化，当然也有一些恐龙喜欢自己孵化小宝宝。

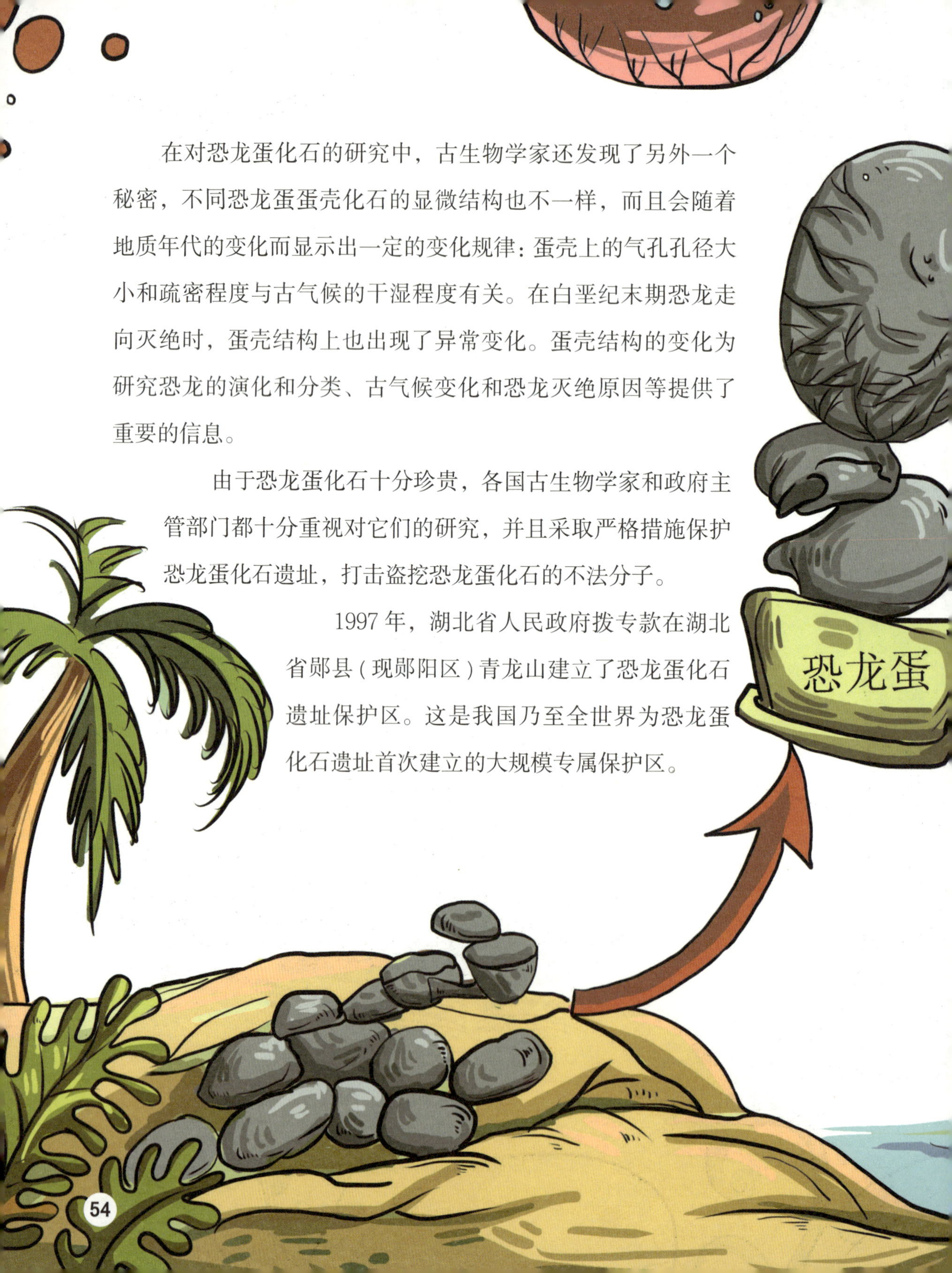

在对恐龙蛋化石的研究中，古生物学家还发现了另外一个秘密，不同恐龙蛋蛋壳化石的显微结构也不一样，而且会随着地质年代的变化而显示出一定的变化规律：蛋壳上的气孔孔径大小和疏密程度与古气候的干湿程度有关。在白垩纪末期恐龙走向灭绝时，蛋壳结构上也出现了异常变化。蛋壳结构的变化为研究恐龙的演化和分类、古气候变化和恐龙灭绝原因等提供了重要的信息。

由于恐龙蛋化石十分珍贵，各国古生物学家和政府主管部门都十分重视对它们的研究，并且采取严格措施保护恐龙蛋化石遗址，打击盗挖恐龙蛋化石的不法分子。

1997 年，湖北省人民政府拨专款在湖北省郧县（现郧阳区）青龙山建立了恐龙蛋化石遗址保护区。这是我国乃至全世界为恐龙蛋化石遗址首次建立的大规模专属保护区。

为什么肉食性恐龙会比植食性恐龙跑得快？

一般肉食性恐龙比植食性恐龙要跑得快，这是由它们的身体结构决定的。肉食性恐龙的腿是直的，能够支撑整个身体，然后保证两条后腿快速跑动和走动。另外一个重要的原因是，它们的骨骼是空心的，身体相对比较轻，跑起来也不费力气。在遇到猎物时，肉食性恐龙会迅速出击，趁猎物不备发起攻击；一旦遇到强敌，它们还能迅速逃离，全身而退。比如暴龙，它的后腿能够支撑身体的重量，巨大的头部和尾部也起到了平衡作用，这种身体结构能确保它快速跑动。

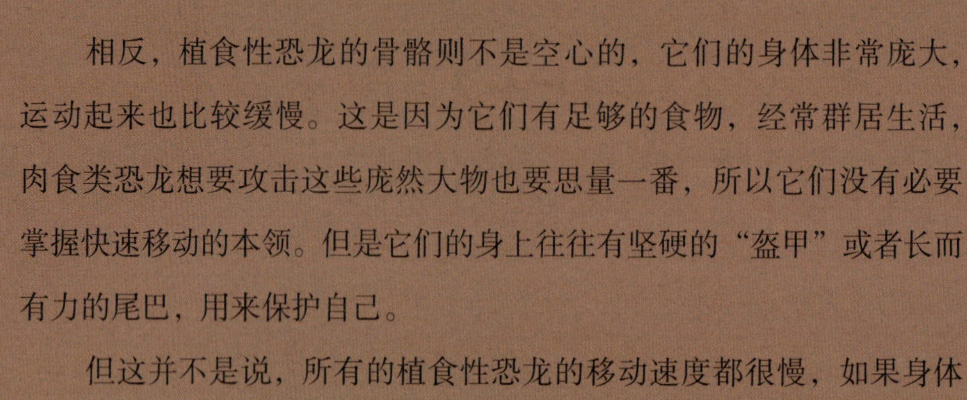

相反，植食性恐龙的骨骼则不是空心的，它们的身体非常庞大，运动起来也比较缓慢。这是因为它们有足够的食物，经常群居生活，肉食类恐龙想要攻击这些庞然大物也要思量一番，所以它们没有必要掌握快速移动的本领。但是它们的身上往往有坚硬的“盔甲”或者长而有力的尾巴，用来保护自己。

但这并不是说，所有的植食性恐龙的移动速度都很慢，如果身体结构不具备一些防御功能的话，那么它们还是需要用速度来取胜的，不然就无法在竞争激烈的环境中生存下来。

恐龙是冷血动物还是恒温动物？

长期以来，关于恐龙是像爬行动物那样的冷血动物，还是像人类一样的恒温动物，一直在科学界存在着争议。由于恐龙的生理构造与爬行动物相似，因此科学家最初猜测它们是“冷血的”，要像现代爬行动物那样通过阳光来控制体温。不过后来，古生物学家通过推算得出结论，认为恐龙是冷血还是恒温主要取决于它们个头的大小。

佛罗里达大学的杰米·吉鲁利和他的同事将一种普遍应用在其他生物上的模型应用在八种恐龙身上。这种模型能够描述生物的温度、新陈代谢率、生长速度以及体重之间的关系。被研究的恐龙体重最轻的为 12 千克，而最重的则有 13 吨。他们通过对恐龙骨骼上的生长年轮的测量，获取了恐龙的生长速度以及不同年龄阶段的体

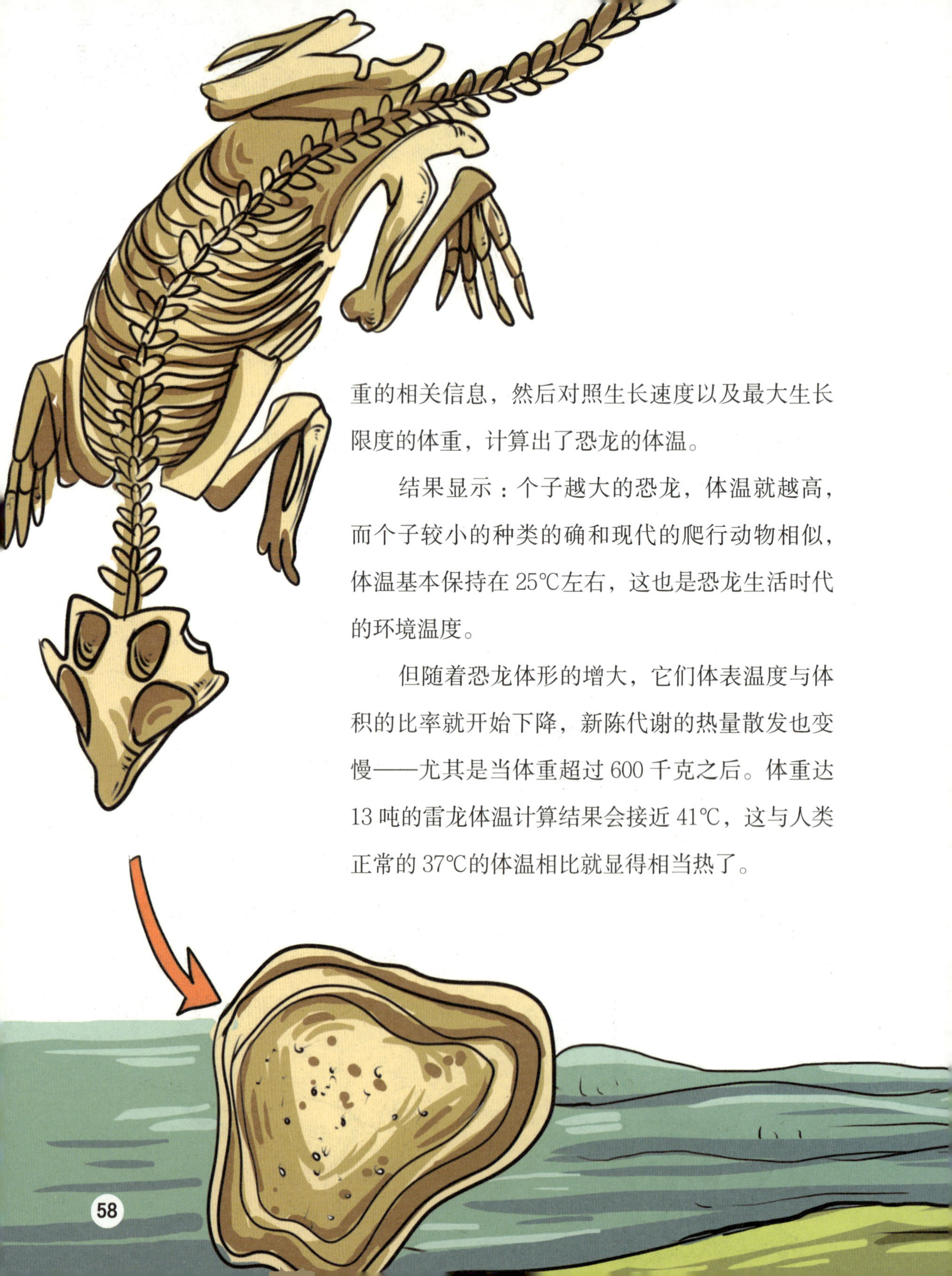

重的相关信息，然后对照生长速度以及最大生长限度的体重，计算出了恐龙的体温。

结果显示：个子越大的恐龙，体温就越高，而个子较小的种类的确和现代的爬行动物相似，体温基本保持在 25℃左右，这也是恐龙生活时代的环境温度。

但随着恐龙体形的增大，它们体表温度与体积的比率就开始下降，新陈代谢的热量散发也变慢——尤其是当体重超过 600 千克之后。体重达 13 吨的雷龙体温计算结果会接近 41℃，这与人类正常的 37℃的体温相比就显得相当热了。

在研究中，科学家还惊奇地发现11种体重从32千克到1000千克不等的现代的鳄鱼家族所呈现出来的体重与体温的关系曲线竟与恐龙的相当吻合。将曲线延伸到体形最大的波塞东龙时就会发现，对应的体温将是48℃，而普通的动物组织在这一温度下开始受到破坏。因此科学家推断，“当年轻的恐龙在像现代蜥蜴那样晒太阳的时候，也许较大的恐龙则需要寻找水源或是阴凉处来降温”。

怎样辨别恐龙的性别呢?

从外形上看，雌、雄恐龙并没有什么区别，那么怎样才能辨别它们的性别呢?

其实，仔细观察，恐龙的性别是很好分辨的。一般雌性都比雄性要大一些，以暴龙为例，雌暴龙的身体要比雄暴龙的身体大一些。因为雌暴龙的体内需要有一定的空间来容纳恐龙蛋，而且在生下恐龙蛋时需要很大的力气，所以它的身体会相对大一些。

除了从体形上来判断外，从尾巴的形状也能分辨出恐龙的性别。雄恐龙的尾骨的骨关节之间都会有“Y”字形的小骨头，但雌恐龙的尾骨与躯干相邻的前三个关节处没有“Y”字形小骨头。这样就使得它的身体内的空间更大一些，足够装下恐龙蛋。

另外，角龙的角和鸭嘴龙的“冠”也能帮助分辨出恐龙的性别。雄性鸭嘴龙的“冠”要比雌性鸭嘴龙的大一些，雄性角龙的角相对于雌性角龙的看起来也要大一些。

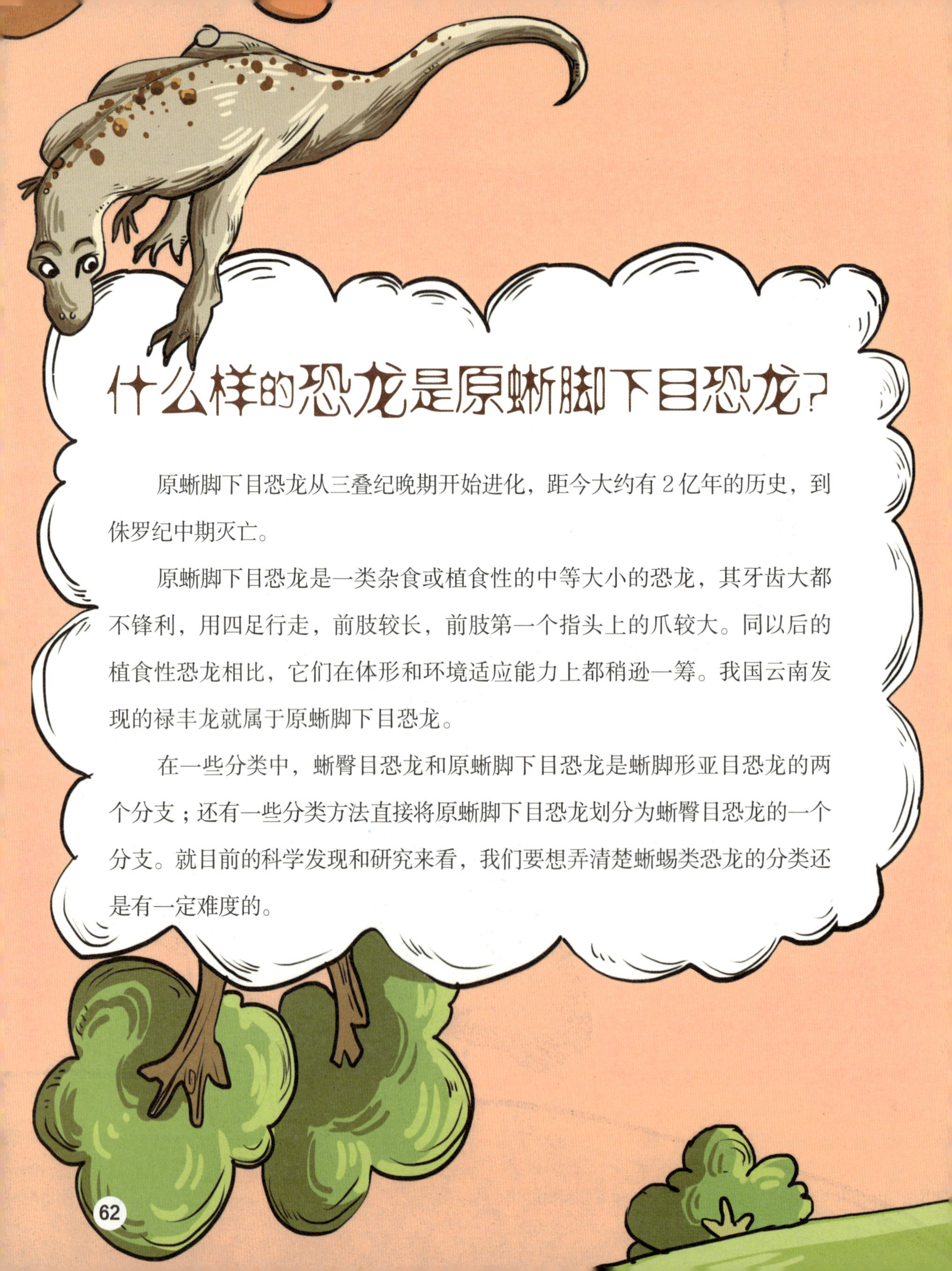

什么样的恐龙是原蜥脚下目恐龙？

原蜥脚下目恐龙从三叠纪晚期开始进化，距今大约有 2 亿年的历史，到侏罗纪中期灭亡。

原蜥脚下目恐龙是一类杂食或植食性的中等大小的恐龙，其牙齿大都不锋利，用四足行走，前肢较长，前肢第一个指头上的爪较大。同以后的植食性恐龙相比，它们在体形和环境适应能力上都稍逊一筹。我国云南发现的禄丰龙就属于原蜥脚下目恐龙。

在一些分类中，蜥臀目恐龙和原蜥脚下目恐龙是蜥脚形亚目恐龙的两个分支；还有一些分类方法直接将原蜥脚下目恐龙划分为蜥臀目恐龙的一个分支。就目前的科学发现和研究来看，我们要想弄清楚蜥蜴类恐龙的分类还是有一定难度的。

什么样的恐龙是巨龙类恐龙？

巨龙类又称泰坦巨龙类，生存于白垩纪，是恐龙灭绝之前最晚出现的蜥脚下目恐龙，其家族成员中既有体形庞大的阿根廷龙、潮汐龙等，又有身形较小的萨尔塔龙等。

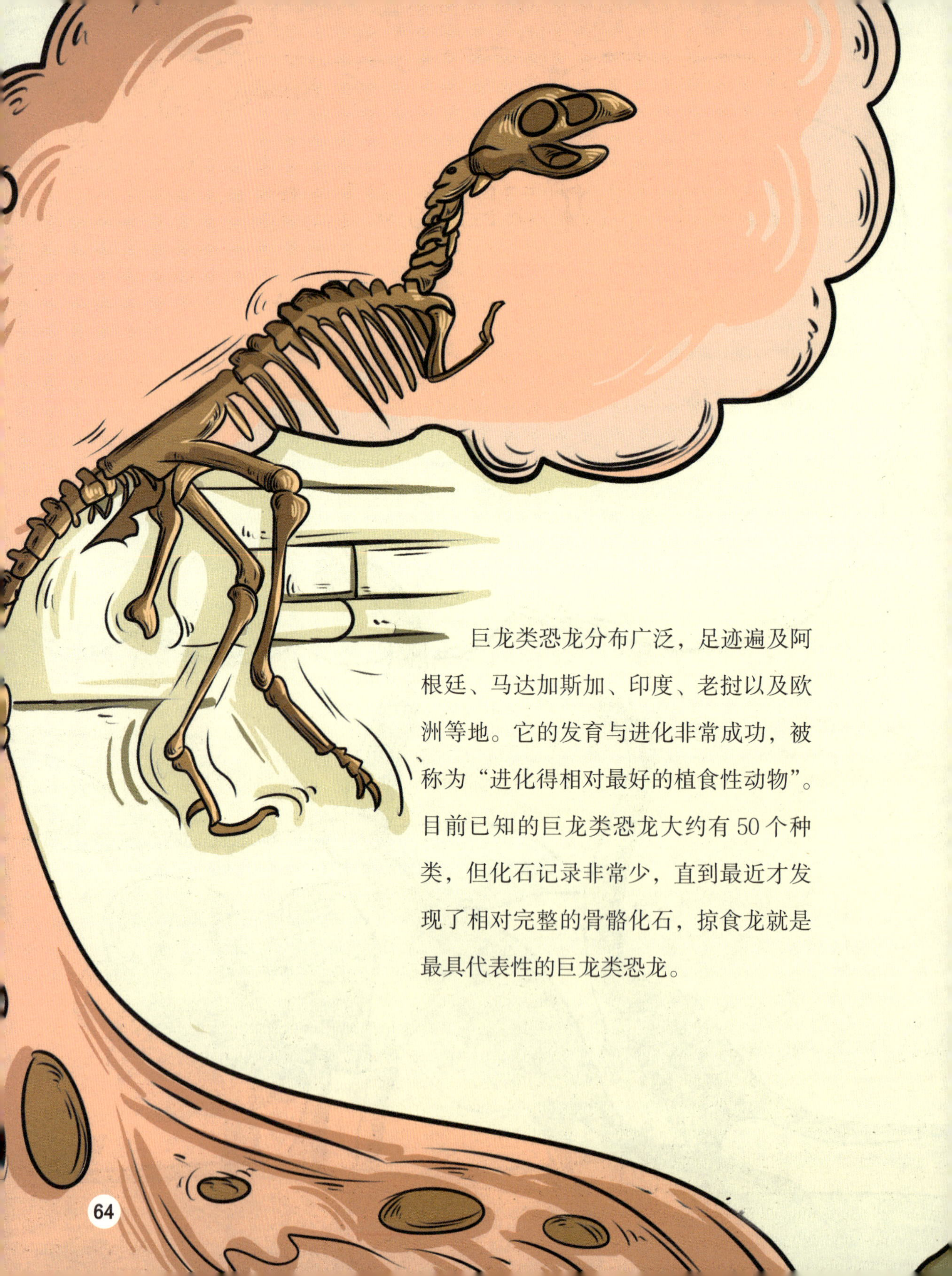

巨龙类恐龙分布广泛，足迹遍及阿根廷、马达加斯加、印度、老挝以及欧洲等地。它的发育与进化非常成功，被称为“进化得相对最好的植食性动物”。目前已知的巨龙类恐龙大约有 50 个种类，但化石记录非常少，直到最近才发现了相对完整的骨骼化石，掠食龙就是最具代表性的巨龙类恐龙。

蜥臀目恐龙是如何分类的？

由于分类标准不同，蜥臀目恐龙的分类也各有不同。最常见的分类就是将蜥臀目恐龙分为食草的和食肉的。

蜥脚下目恐龙是从原蜥脚下目演化而来的一类恐龙，主要生活在侏罗纪和白垩纪，曾是陆地上最大的动物。它们绝大多数都是巨型的植食性恐龙，最大的身长超过了 30 米。这类恐龙头小，牙齿呈小匙状，粗壮的四肢支撑着大酒桶般的身躯，脖子和尾巴较长。最具代表性的是在中国四川发现的生活于侏罗纪晚期的马门溪龙，它的脖子由 19 节颈椎组成，长度约为体长的一半。

兽脚亚目恐龙是最早的恐龙类群之一，它的存在时间很长，从三叠纪中期一直到白垩纪末期。这类恐龙可分为两类，一类是个体较小、身体轻巧、肢骨内中空的虚骨龙类；另一类是个体中大型、身体沉重的肉食龙类。兽脚亚目大都是肉食性恐龙，两足行走，趾端长有锐利的爪，嘴里长着小刀一样的利齿，牙齿前后缘常有锯齿。最具代表性的是霸王龙、巨齿龙等。

恐龙都是傻大个吗？

我们听到恐龙这个词，在脑海中大多会浮现一个巨大的、笨重的、走起路来地动山摇的恐龙形象。

阿根廷龙就是巨型恐龙的代表，它的体重在 90 吨以上，身长超过 36 米，主要生活在白垩纪中晚期，以植物的叶子为食。像阿根廷龙这样的庞然大物是没有人敢招惹的，凭借着自身的巨大体形它完全可以吓退那些虎视眈眈的掠食者，连南方巨兽龙也要惧它三分呢！

不过，还有不少恐龙体形娇小，身材轻盈。比如小盗龙，它是生活于白垩纪早期的一类兽脚亚目恐龙，虽然小盗龙是凶猛的肉食性恐龙，但它的个头很小，它的身长 42 ~ 83 厘米，体重约 1 千克。小盗龙的四肢和尾巴都覆盖着羽毛，但它们却不能像鸟或者昆虫那样自由地飞翔，只能从高高的树上俯冲而下，然后张开它覆盖着羽毛的四肢来滑翔。

在植食性恐龙中，身长 1 米，体重只有 10 千克的莱索托龙则是小恐龙的代表。小巧玲珑的莱索托龙看上去很像蜥蜴，是鸟脚类恐龙中最活跃的一支，生活在非洲和美洲半沙漠地区。它们通常用后肢行走，能穿过炎热而干燥的旷野，被称为“快跑能手”。

最早有名字的恐龙是谁？

斑龙可能是世界上最早被描述和命名的恐龙，它的名字的希腊文意为“巨大的蜥蜴”。

斑龙是一种凶猛的肉食性恐龙，生活在侏罗纪中期，距今1.66亿年。它身长约6米，体重约700千克，头部非常大，不过颈部非常地灵活，后肢大且充满力量，能够支撑整个身体的重量，一条长长的尾巴起着平衡作用。

斑龙主要以植食性恐龙为食。它的嘴里长满了锯齿状的牙齿，像切牛排的餐刀一样，用来咬食新鲜的猎物；前肢和脚趾上都长着尖利的爪，这些都是它捕捉猎物时最重要的武器。有了这些法宝，它就可以大胆地去攻击那些大型的植食性恐龙了。

从斑龙的足迹化石判断，它们的步行速度约为每小时 7 千米。当它们发现温和的植食性恐龙时，就会迅速改变步伐，飞奔过去。此时，它们会将脚趾伸展开来，同时尾巴翘得高高地来平衡整个身体，然后用锐利的牙齿和前肢上的利爪撕裂猎物的身体，直到置对方于死地，才停下来慢慢享用美食。

腔骨龙为什么那么轻呢？

腔骨龙是生活在2.15亿年前的一种肉食性恐龙。它体长2～3米，但是体重只有15～45千克，这究竟是为什么呢？原来，腔骨龙的四肢骨骼有些部分是中空的，而且骨骼几乎像纸一样，所以别看它体形大，却是个“虚胖子”。这种特殊的骨骼构造使它们变得体态轻盈，能以快速的奔跑和敏捷的身手为自己赢得更多的生存空间，科学家把像它一样的恐龙称为“虚型龙”。

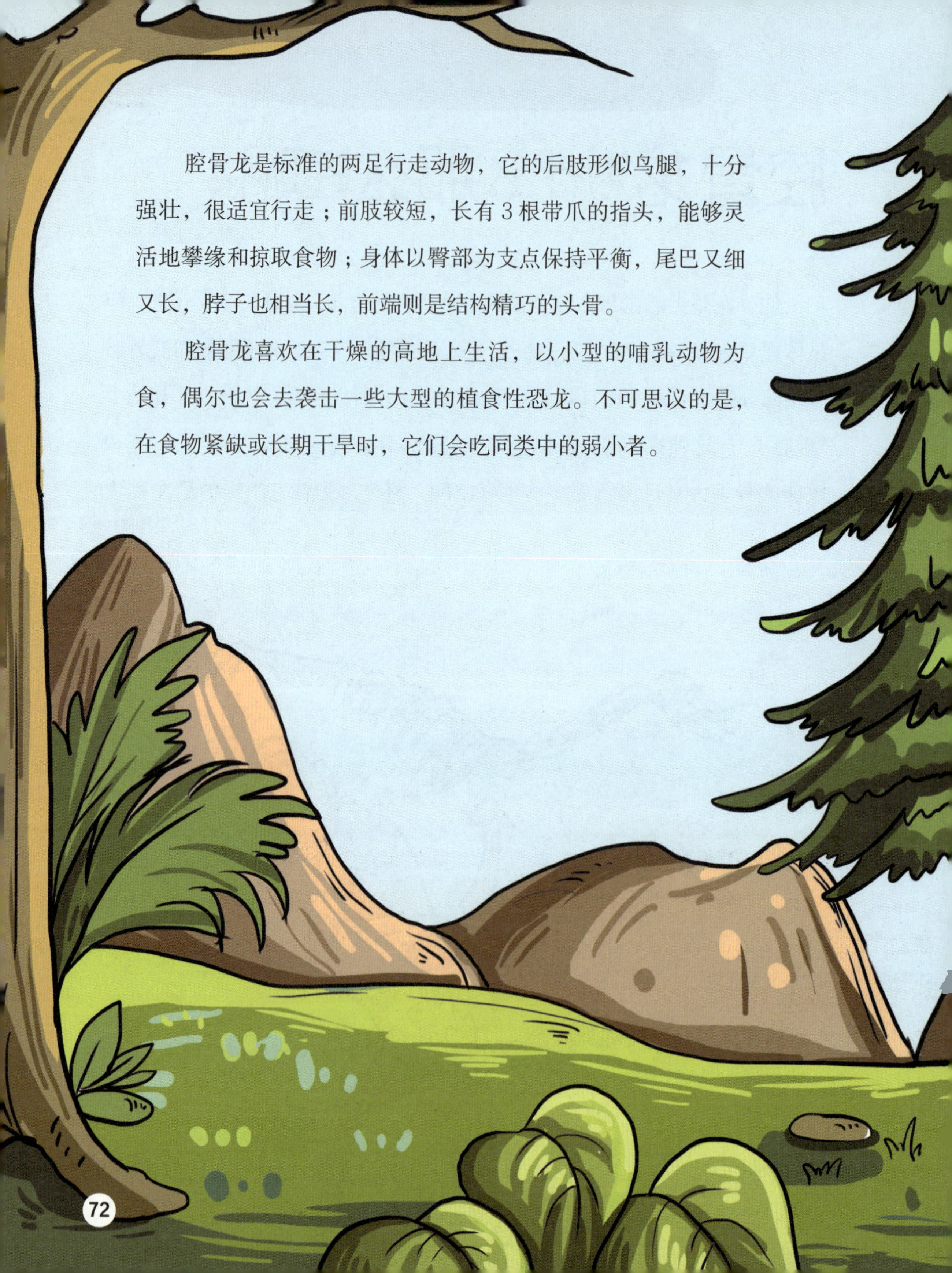

腔骨龙是标准的两足行走动物，它的后肢形似鸟腿，十分强壮，很适宜行走；前肢较短，长有 3 根带爪的指头，能够灵活地攀缘和掠取食物；身体以臀部为支点保持平衡，尾巴又细又长，脖子也相当长，前端则是结构精巧的头骨。

腔骨龙喜欢在干燥的高地上生活，以小型的哺乳动物为食，偶尔也会去袭击一些大型的植食性恐龙。不可思议的是，在食物紧缺或长期干旱时，它们会吃同类中的弱小者。

跳龙真的会跳吗？

在2.3亿年前的三叠纪晚期有一种小型肉食性恐龙，凭借着快速的跳跃技能而成为恐龙世界中的活跃分子，它就是体形娇小的跳龙。

跳龙属于小个子恐龙，大约0.6米长，重约1千克。所以它既不可能像植食性恐龙那样伸长脖子去品尝高大蕨类植物的枝叶，也不能像其他的大型肉食性恐龙一样通过搏斗来获取“战利品”，只能吃其他肉食性恐龙吃剩下的动物死尸。

跳龙在津津有味地品尝别人剩下的残羹冷炙时，还必须时刻提高警惕，因为稍不留意它们就会成为大型肉食性恐龙的腹中之物。一旦遇到危险，灵活娇小的跳龙会立刻跳跃着快速离开，摆脱敌人的追击。

镰刀龙长得像镰刀吗？

镰刀龙是白垩纪晚期出现的一种行动缓慢的兽脚亚目恐龙，身长 8 ~ 11 米。它的长相非常奇特，头部像原蜥脚下目恐龙，但是牙齿和与咀嚼有关的构造近似于鸟臀目恐龙；从骨盆处看既不像三射型的蜥臀目恐龙，也不像四射型的鸟臀目恐龙；从前肢形态来看，它又像典型的兽脚亚目恐龙，因此被称为恐龙世界中的“四不像”。

因为目前出土的镰刀龙化石很不完整，人们只能依靠与其有亲缘关系的其他恐龙来推测它的生活习性。科学家推测镰刀龙头部较小，双颌较为狭长，没有牙齿，颈部长而直，臀部相对宽厚。它的尾巴较短，因为尾骨上长着被称为骨棒的支撑物而显得僵硬，身上可能还覆盖着原始的羽毛。

人们称它镰刀龙，并不是因为它的外形像镰刀，而是因为它的前肢上长有六把“镰刀状”的巨爪，这些爪大约有 75 厘米长，就像是用来除杂草的长柄大镰刀一样。但是镰刀龙的巨爪并不是用来捕食猎物的，因为它没有牙齿，不能撕咬肉类，所以只能当个素食主义者，以植物的叶子为食。科学家推测镰刀龙的巨爪可能是用来自卫或者是争夺配偶的。它的爪子虽然巨大，但对它的敌人暴龙只能起到震慑作用，如果用此招数没能吓倒敌人，那它的境况就很不妙了。

虽然镰刀龙的长相恐怖，但是性格是很温顺的。大多数时间，它们都是用较长的后肢缓慢地行走在树林里。当遇到自己中意的食物时，镰刀龙可能会用臀部坐在地上，然后伸长脖子啃咬树木，或者直接用前肢将树枝拉到嘴边食用。如果有敌人偷袭时，它会站起来伸出前肢，展示它的巨爪，将敌人吓跑。

拟鸟龙长得很像鸟吗?

拟鸟龙是一种长得像鸟类的兽脚亚目恐龙，生活于白垩纪晚期，距今约 7000 万年。尽管其化石早在 1981 年就在蒙古国被发现，但至今人们对它的了解还不多。

拟鸟龙的体长约 1.5 米，头部比较短厚，眼睛很大，鼻子长在喙部较后方，口中可能没有牙齿，但在前上颌骨的尖端有一列像牙齿一样的伸出物，使嘴巴边沿形成锯齿。至于它是吃植物、动物还是飞虫，现在还不能确定。

拟鸟龙的颈部细长，前肢较短，可以将前肢折叠起来；后肢细长，可能善于奔跑。部分体表可能还覆盖着原始的羽毛，与鸟类最大的区别是，它长着一条长长的尾巴。

人们通常容易将拟鸟龙和似鸟龙混淆，虽然它们的名字看起来非常相近，但其实它们是两种不同的恐龙。拟鸟龙生活在亚洲，似鸟龙主要生活在北美洲；似鸟龙要比拟鸟龙大得多。

鱼龙和鱼长得像吗?

鱼龙是一种外形长得像鱼和海豚的大型海栖爬行动物，出现于三叠纪晚期，比恐龙稍微早一点，在 9000 万年前的白垩纪被蛇颈龙及沧龙所取代，在侏罗纪时曾经广泛分布在世界各地的海洋中。

鱼龙是陆栖爬行动物回到海洋生活后逐渐演变而来的。它们的身体呈流线型，没有真正的脖颈，四肢已演化为鳍，躯体的后端有和鱼类一样的尾鳍，有些背部生有肉质背鳍。

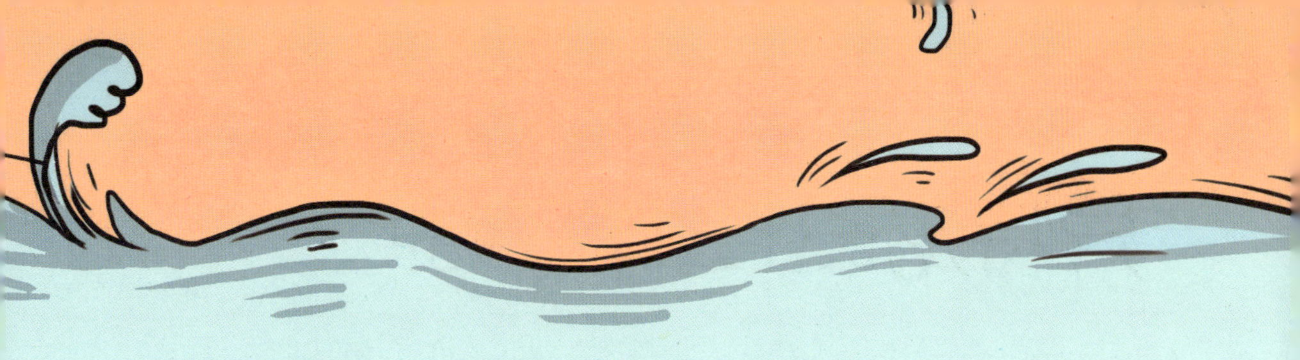

鱼龙以箭石、菊石等古生物为食，有时还吃鱼、小型爬行动物及贝类。它的嘴巴长而尖，上下颌长有锥形的牙齿，整个头骨看上去像一个三角形。头两侧长有两只大而圆的眼睛，直径可达 30 厘米，比现存所有脊椎动物的眼睛都大。有了这对大眼睛的帮助，即使在光线暗淡的夜间或深海，它们都能捕到猎物。

大量研究证明，鱼龙不仅能产下活的幼种，而且和鲸类及海豚一样，在生产过程中是小鱼龙的尾巴先出来。每年的 6 月中旬前后，怀孕的雌鱼龙成群结队地游到有大片珊瑚礁和海藻丛的浅水海域，尽快生产。小鱼龙出生后第一件事是赶快浮到水面吸一口气，然后在珊瑚礁中度过生命中的最初几个月。而母体由于不适应这里狭小的空间和浅水海域的明亮阳光，在产下小鱼龙后不久就会离开。

异特龙长什么样子呢?

在目前科学家所发现的恐龙当中，异特龙占了十分之一。它是侏罗纪晚期活跃于北美洲、欧洲等地的一种兽脚亚目恐龙，能猎杀体形中等的蜥脚下目恐龙以及生病或受伤的大型蜥脚下目恐龙，如雷龙等。

异特龙的外形很像暴龙，比暴龙略小，体长一般在 11 ~ 12 米，重 1.5 ~ 4 吨。它长着一个大大的脑袋，颈部呈“S”形；四肢强劲有力，每只掌上都长有三个指头，指头上长有锋利的爪，这是捕捉猎物的利器。异特龙的尾巴又粗又长，在遇到敌人时，它会用尾巴横扫前来入侵的敌人。

异特龙算得上是最凶残的恐龙之一了。它的嘴里长着几十颗锋利的牙齿，这些牙齿都带有倒钩，每颗牙齿就像匕首一样尖锐，猎物被它咬住就休想逃脱。更加可怕的是，这些牙齿一旦脱落，还会重新长出来。异特龙能一口吞下一头小猪。古生物学家们在侏罗纪晚期的地层里发现，一些弯龙的头骨化石上有异特龙留下的深深的牙齿痕迹，折断的异特龙牙齿也散布在四周，这表明当时有一场血腥的捕杀在上演。

始盗龙的名字是怎么来的?

始盗龙大约生活于2.3亿年前的阿根廷西北部，是目前已发现的诸多恐龙中最原始的种类之一。它的发现纯属偶然，1991年，一个美国和阿根廷的联合考察组在对阿根廷西北部的伊斯奇瓜拉斯托盆地（月亮谷）考察时，一位工作人员在路边的一堆乱石块里发现了一个近乎完整的头骨化石。于是，挖掘小组对废石堆一带进行了

全面的挖掘，没过多久，一具很完整的恐龙骨骼就呈现在他们面前，令人惊喜的是这是一具新的恐龙种类的化石。科学家经过研究发现，这种恐龙的生存年代非常早，与当时其他陆生生物相比具有明显的优势，仿佛是一个突然杀进地球的强盗，很可能是所有恐龙的祖先，因此把它命名为“黎明的掠夺者”——始盗龙。

始盗龙的身材矮小，长约 1 米，重约 10 千克。它的后肢粗壮，前肢短小，主要依靠后肢行走，也可能“手脚并用”。它每只掌上共有五根指头，但是第五根已经退化得很小；前肢及腿部的骨骼薄且中空，站立时主要依靠脚掌中间的三根脚趾来支撑全身的重量，而第四根脚趾在行进中只起到辅助的支撑作用。

始盗龙有着非常奇特的牙齿结构，颌部前方的牙齿呈树叶状，带有植食性恐龙的特征；而颌部后方的牙齿则是锯齿形，这是典型

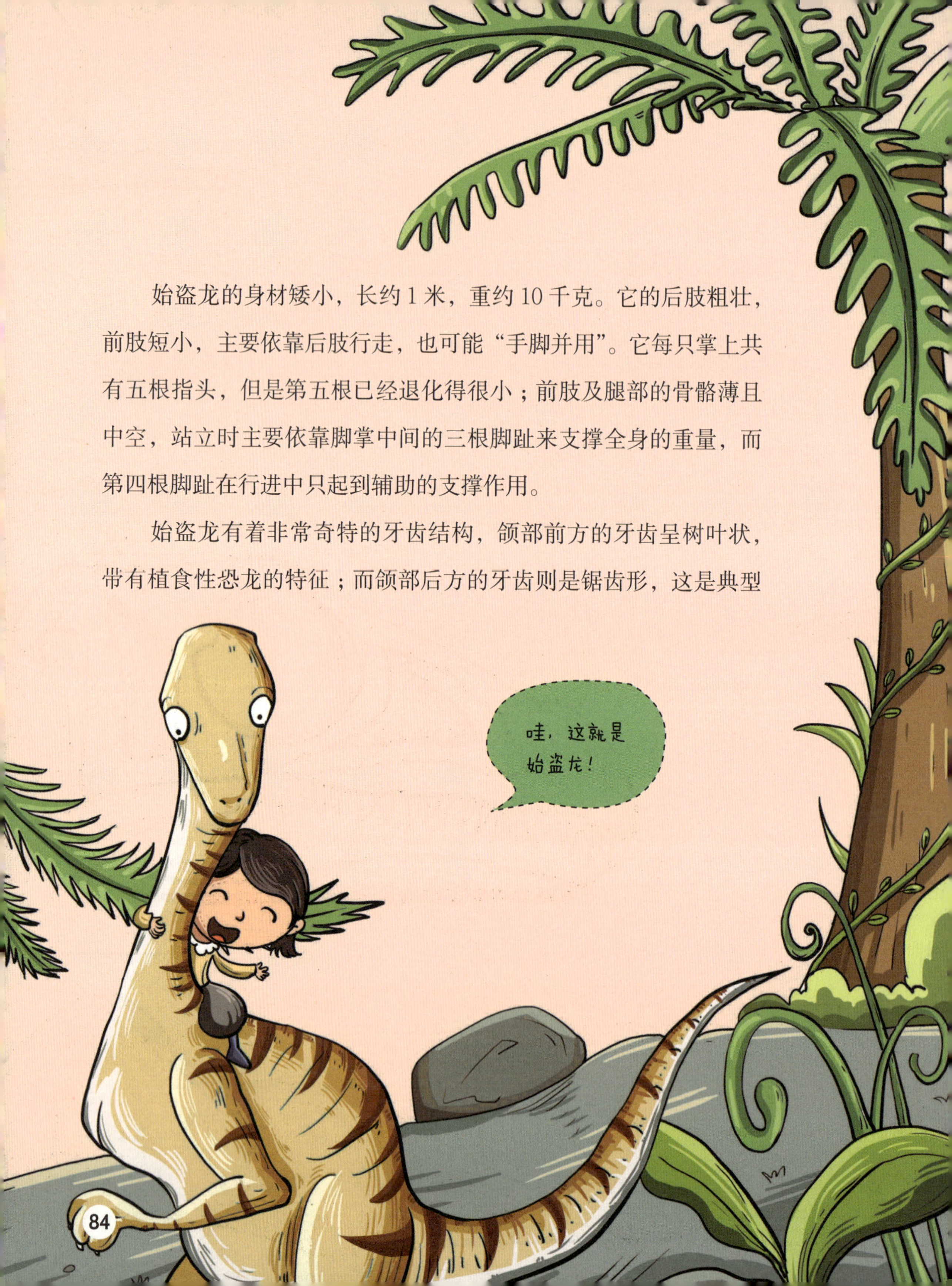

的肉食性恐龙的特征。科学家据此推断：始盗龙可能原本是杂食性动物，后来随着环境的变化，才分化成食草和食肉两大类，而始盗龙正是向肉食性恐龙演化过程中的典型代表。

始盗龙拥有善于捕捉猎物的前肢，它五根指头中有三根比较长的指头上长有爪。当捕捉到猎物后，它会用爪及牙齿撕开猎物。由于始盗龙的身体轻盈矫健，能够在行进中急速捕杀猎物，因此它的食谱不仅仅只局限于小型的爬行动物，那些哺乳类动物的祖先也在它的猎捕范围之内。

慈母龙是不是很有爱心啊？

很早以前，人们认为恐龙和现在的爬行动物一样，产下恐龙蛋后就会一走了之，根本不会理睬小恐龙的死活。1979 年，科学家发现了慈母龙的化石才改变了这种看法。

慈母龙是生活在白垩纪晚期的一种鸟脚亚目恐龙，长着一张长脸，眼睛上方有一个非常小的实心的骨质头冠，颧骨上还长着三角形的突起。它的喙部比较宽，有点像鸭子。由于慈母龙的前肢比后肢短，所以行走时臀部处于身体的最高处。

慈母龙喜欢集体生活，以植物的叶子为食。它们平时在森林中生活，习惯用四条腿走路，用两条腿跑步，而且速度很快。在所有恐龙中，慈母龙是最称职的，它们有护蛋和喂养后代的习惯。当繁殖季节到来时，慈母龙会迁徙到一个安全的地方，在泥地上挖一个饭桌大小的坑做窝，并在窝里铺上柔软的草，然后将柚子状的蛋产在里面。在之后的漫长时间里，它们会守在窝旁，以免蛋被其他恐龙偷走。慈母龙妈妈还可能卧在蛋上以保持其温度，当妈妈离开时，则由其他成年恐龙轮流进行看护。这些小恐龙出世后，父母们还是舍不得离开，它们会坚持喂养这些恐龙宝宝，直到它们有觅食的能力为止。细心的慈母龙父母可能会先将坚硬的植物嚼碎，然后再喂给小恐龙吃。

有古生物学家推测，小慈母龙的待哺期非常长，刚出生时它们还不能出窝，父母就要四处找食喂养它们。当它长到 1.5 米长时才能出窝，在窝的附近行走。大约出生一年以后，小慈母龙体长已经有 2.5 米时才可以随父母到离窝较远的低洼地活动。虽然四处走动了，但这时的小慈母龙还没有自行觅食的能力，还需要靠父母亲自喂养，而且一直要被喂养到 10 ~ 12 岁，之后在父母的保护下自己觅食。到 15 岁之后，小慈母龙就可以完全离开父母，开始独立生活了。

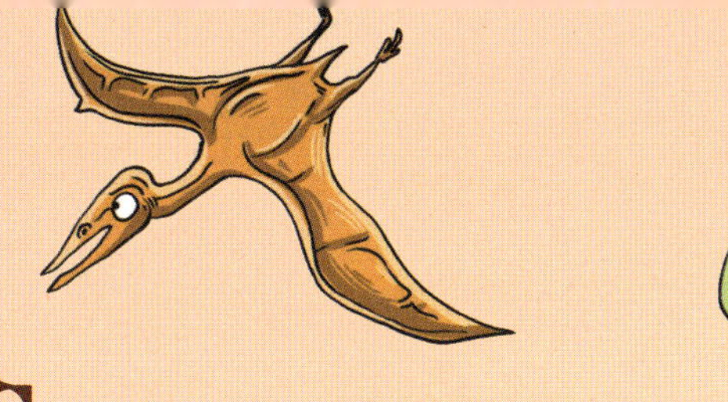

恐龙世界的“角斗士”是谁呢?

角龙是恐龙世界中有名的“角斗士”，是一种鸟臀目植食性恐龙，由早期的鸟臀目恐龙进化而来，活跃于白垩纪，至晚白垩世灭绝，被称为恐龙家族的“末代骄子”。

角龙体长可达 9 米，头大而长，占身体长度的四分之一至三分之一，其最明显的特征就是脸上有奇怪的角、钩状的喙，头后方有骨质的颈盾。它的尾巴粗短，脚短而宽，前肢长有五个指头，后脚长四个指头，指头末端有蹄状的构造，善于奔跑。

角龙的盾可真大啊。

角龙能将防御的“盾”和进攻的“矛”和谐地结合在一起，被称为“进化非常成功的动物”。它既能用颈盾去主动进攻来犯的肉食性恐龙，又能用角来保护自己不被攻击，而且还经常取得胜利。也正如此，尽管它出现得较晚，却能在短时间内演化出很多类型，称霸一时。

角龙的颈盾除了防御还有其他功用。首先，它能为颌骨部的肌肉提供有力的附着点，帮助颌部肌肉加强咀嚼的力量。其次，可以用来辨别种类，不同形状的颈盾代表了不同的种以及同一种中的不同个体。再者，颈盾又是温度调节器，它已高度脉管化。当血液从骨骼上的槽沟和管道流经颈盾时，利用颈盾巨大的表面积便能调节冷热，就像天然的“冷热两用空调器”一样。

角龙喜欢群居生活，它们以植物的嫩枝叶和多汁的根、茎为食物，白天的大部分时间里都在啃食植物。

美颌龙长得很漂亮吗？

在恐龙王国里，美颌龙可是数一数二的“大美人”。它是生活在侏罗纪晚期的兽脚亚目恐龙，也是目前人类所发现的恐龙中最细小的一种。

美颌龙长得非常秀气，身材近乎完美，修长而灵活的脖子上长着一颗轻巧的头，身后拖着一条细长的尾巴。目前已发现的美颌龙标本有两个，一个长约 89 厘米，另一个长约 125 厘米。除去长长的尾巴，它也只不过母鸡般大小，看起来不会对其他恐龙构成任何威胁，但千万不要被它的外形所迷惑，美颌龙可是非常凶猛的肉食性恐龙。当它们集体出动时，那些比它大的恐龙也不是对手。

美颌龙大约有 60 枚小巧玲珑的牙齿，这些牙齿非常尖锐，边缘弯曲，对于比它小的动物来说是致命的武器。不仅如此，娇小的美颌龙目光敏锐，行动非常敏捷，靠强健而“苗条”的后腿可以跑得很快，能够突然加速去捕捉小动物。据推测，一只全力奔跑的美颌龙速度可能达到每小时 40 千米，这也难怪它会在当时的丛林里称王称霸！

美颌龙喜欢栖息于沙漠和岛屿，由于这些地方没有充足的食物来满足它们的需要，因此它们常穿梭在矮树丛间捕食蜥蜴。除此之外，它们还喜欢吃腐肉，包括死后被冲上岸的鱼以及其他动物的尸体。更重要的是它们有一种穷追不舍的精神，当猎物逃往树上避难时，美颌龙也会跟踪爬上树去。

你知道恐龙世界的“巨无霸”是谁吗？

在电影《侏罗纪公园》中有一只威风凛凛、不可一世的恐龙，它不仅走起路来地动山摇，而且能扯断电网、拱翻汽车，甚至吞噬活人，这就是恐龙世界的巨无霸——霸王龙。

霸王龙是一种凶猛的肉食性恐龙，生活在 6800 万年前的白垩纪晚期，是掠食动物也是食腐动物。它身长 12 米左右，高 4 米，体重 8 ~ 10 吨，身体很强壮。头长而窄，约 1.5 米长，两颊肌肉发达，颈部短粗。两条粗壮的后腿支撑着身体全部的重量，但行走的速度并不慢。专家根据霸王龙足迹化石步幅的长短和它的身高计算出其奔跑速度可达每小时 40 千米。它那条粗壮有力的尾巴既能在行走中让身体保持平衡，又可以作为进攻的武器，横扫千军不在话下。一对前肢虽然细弱，但是爪很尖锐，在搏斗中往往能将猎物抓得皮开肉绽。

但这都只是冰山一角，霸王龙全身上下最厉害的武器要数那张巨嘴了。它的嘴里共有 60 颗形似香蕉的粗大利齿，最长的可达 20 厘米，有“致命香蕉”之称。这些尖利的牙齿在强有力的上下颌的牵动下，能够轻易咬

断猎物身体的任何一部分，再加上霸王龙拥有“迷彩服”一样的表皮，使得它能够更加隐蔽地接近目标，迅速猎杀。这身伪装让它捕食起来更是如虎添翼。

由于霸王龙比它的猎物体形要大得多，所以它完全可以依靠自己的力量来生活，而不需要依靠群居的生活方式来保护自己。假如这些食量巨大的霸王龙都生活在一起的话，它们得到的猎物数量可能会很少，每天都饥肠辘辘的。在霸王龙家族里，雄性恐龙几乎过着四处流浪的日子，而雌性恐龙则有清楚的领域。

霸王龙的新陈代谢缓慢，所以饱餐一顿后可以几天不吃东西，找个安全的地方休息。

为什么冰脊龙不怕冷？

冰脊龙生活于1.9亿年前的侏罗纪早期，由于它的头顶上长着一个突出的骨质结构，非常像美国19世纪50年代的“摇滚乐之王”埃尔维斯·普雷斯利的束发，所以人们也称其为“猫王龙”。

冰脊龙是第一种在南极洲发现的肉食性恐龙，同时也是第一种被正式命名的南极洲恐龙。但这并不意味着它不怕冷，因为在侏罗纪时期，南极洲和非洲、南美洲还连在一起没有分离，属于温带气候，因此气候并不像今天这样寒冷。

冰脊龙体长 6 ~ 8 米，重约 350 ~ 780 千克，拥有独一无二的头冠。它的头冠在眼睛之上，垂直于头颅骨并向外散开，两侧各有两个小角锥，看起来就像一把梳子。而其他有冠的兽脚亚目恐龙的冠多是沿着头颅骨长出来的，而不是横跨的。

值得一提的是，冰脊龙的头冠并不具有防御功能，因为这些头冠很薄，科学家推测它们的头冠很可能是在交配季节用来吸引异性的。如果这一推测成立，说明冰脊龙有丰富艳丽的色彩。因为只有这样它们才能在繁殖季节展露出艳丽的色彩，得到更多的交配机会。

恐爪龙是不是很厉害啊？

在人们早先的印象中，恐龙是一种笨重、臃肿、迟钝的动物。直到1970年在美国的蒙大拿州，古生物学家约翰·奥斯特伦姆根据恐爪龙的体型、步态、与地面平行的尾巴，以及镰刀状的第二趾爪，第一次提出恐爪龙其实是一种专为速度和屠杀而生的恐怖生物。

恐爪龙是一种生活在白垩纪时期的兽脚亚目肉食性恐龙，身长3～4米，体重可达90千克。它最大的特征就是长着令人恐怖的爪，它的每只前掌上有三根带着尖长爪的指头，每只脚有四根脚趾，其中第二根脚趾上长着约12厘米的利爪，被称为“恐怖之爪”。这些爪都非常灵活，便于抓东西，这也是它名字的由来。

恐爪龙是一种智商很高的恐龙，它的动作非常敏捷，脑容量也很大，被认为是恐龙家族中最不寻常的掠食者之一。它的眼睛非常大，能将远处的东西看得很清楚。上下颌很有力，嘴里长着非常锋利的牙齿，就像一把把利刃。

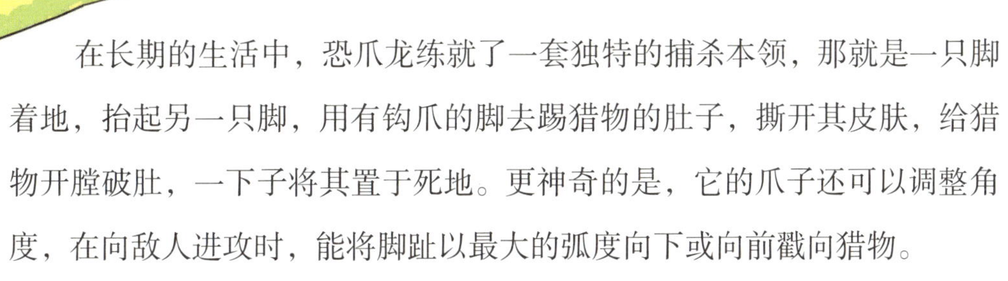

在长期的生活中，恐爪龙练就了一套独特的捕杀本领，那就是一只脚着地，抬起另一只脚，用有钩爪的脚去踢猎物的肚子，撕开其皮肤，给猎物开膛破肚，一下子将其置于死地。更神奇的是，它的爪子还可以调整角度，在向敌人进攻时，能将脚趾以最大的弧度向下或向前戳向猎物。

也正是因为爪的重要性，恐爪龙在平时非常爱惜自己的爪，走路时会把爪子缩起来，以免因摩擦地面而变钝。尽管在别的恐龙看来，恐爪龙是非常凶猛的，但它们还是喜欢集体行动。因为一旦遇到霸王龙、异特龙等比自己体形更大、更厉害的恐龙，它们肯定会难逃一劫，只有发挥群体的力量，才能争得生存的机会。

棱背龙靠什么保护自己？

棱背龙是侏罗纪早期的一种植食性恐龙。它身长 3 ~ 4 米，重约 200 千克，头部较小，颈部则相对较长；健壮的四肢承受着全身的重量，前肢略短于后肢，前肢上生有蹄状的爪。

能够在恐龙世界中生存下来，棱背龙依靠的是身上的“盔甲”。从棱背龙的皮肤印痕化石上可以看出，其表皮上覆盖着一排排骨质突起，在这些骨质突起之间又有许多圆形的小鳞片，称为“鳞甲”。这些鳞甲的形状与大小因生长部位不同而有所不同。如果有肉食性恐龙来犯，棱背龙会蹲伏在地上，只让坚韧、有坚甲的背部暴露出来。当入侵者发现坚硬的“鳞

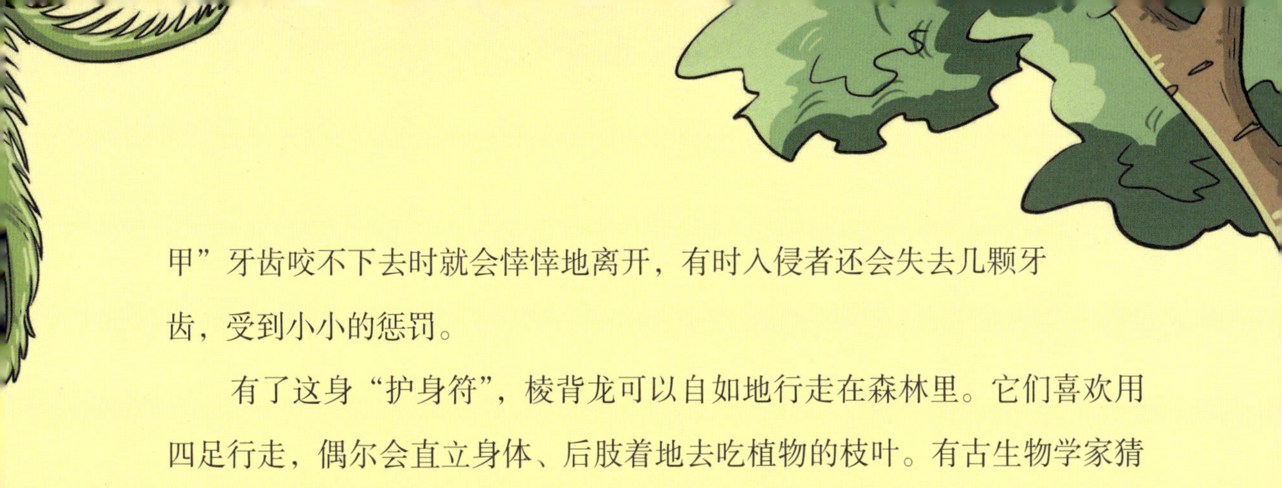

甲”牙齿咬不下去时就会悻悻地离开，有时入侵者还会失去几颗牙齿，受到小小的惩罚。

有了这身“护身符”，棱背龙可以自如地行走在森林里。它们喜欢用四足行走，偶尔会直立身体、后肢着地去吃植物的枝叶。有古生物学家猜测棱背龙可能是一种两栖类动物，不过更多的古生物学家则认为，棱背龙可能会用它的窄喙切割树上的嫩叶和多汁的果实，然后通过上下颌的简单运动咀嚼食物。

木他龙是怎样被发现的？

木他龙是大洋洲主要的恐龙种类，它被发现于澳大利亚昆士兰州木他巴拉镇的岩层中，是一种白垩纪早期的鸟脚类恐龙。它能被人们所认识要从一个故事说起。在大洋洲内陆有一个叫兰顿的牧场，它位于昆士兰中心地区的木他巴拉镇附近，1963 年的一天，农场主德兰顿去牧场视察，他在矮树丛中发现了一堆很奇怪的石头，于是急忙翻开石头，发现里面是一些骨头。最初他以为这是死牛的骨头，但仔细观察之

后发现异于牛骨，便拿了几块送到博物馆鉴定。经过鉴定后，昆士兰博物馆随即宣布德兰顿不仅找到了几乎完整的恐龙骸骨，而且是新的种类，并将其命名为木他龙。

木他龙体长约 10 米，重约 2.8 吨，头颅骨上有空位，这表示它们有沟通的能力。它最大的特点是拇指上有匕首般的尖物，可作为自卫武器，其颌部非常强壮，上面长有用于切割的牙齿。这些牙齿可以切割坚硬的植被，例如苏铁类植物。

木他龙习惯用四只脚来行走，不过也可以用后脚站立去吃高处的树叶。它的食量非常惊人，每天可吃 500 千克左右的食物。当遇到敌人时，它会发出非常低沉的声音，以提醒其他同伴，如果被惹怒了还会发出震耳的吼声，可以将前来侵扰的动物吓跑。

雷龙为什么经常搬家呢?

雷龙是一种植食性的大型恐龙，身长约 23 米，体重可达 17 吨。它拥有一颗与脖子非常相称的小脑袋，身后有一条长约 9 米的尾巴。雷龙分布很广，除南极洲以外其余各大洲都有它们的存在，是蜥脚下目恐龙中分布得最广的一群，主要生活在侏罗纪。

虽然雷龙的身形大得惊人，但性情极其温和，嘴里长着木栓状的牙齿，颈部脊椎和四肢骨骼都比较厚实，指骨中只有拇指上才有爪，平时主要栖息于平原与森林中，有时会躲进沼泽中。羊齿类和苏铁类植物是它的最爱，如果碰到这样的美食，雷龙几乎不经咀嚼就把所有的食物囫囵吞下，直接送到胃里。短短几天时间内，它们可以摧毁一片树林，因此雷龙需要经常搬家，去寻找新的食物来源。不过，那时候的植物生长速度非常快，体形庞大的雷龙是不会发愁没有东西吃的，它们反而因为有充足的食物而迅速繁衍。

尾羽龙是不是长有羽毛呀？

尾羽龙是生活于白垩纪早期的一种兽脚亚目恐龙，体长 70 ~ 90 厘米，和始祖鸟个体大小相仿，甚至化石保存的姿态都非常相似，它们却是两类截然不同的动物。尾羽龙的羽毛不是真的羽毛。它是由尾羽龙的细丝状皮肤衍生而来，是皮肤的衍生物，和现在自然界中鸟类的羽毛有很大的区别。

尾羽龙长着很小的头，有一条长长的脖子，除了嘴部最前端有几颗形态奇特的向前方伸展的牙齿外，几乎看不见其他牙齿。尾羽龙的前肢特别小，前肢上也长着一排羽毛。这些羽毛具有明显的羽轴，并发育有羽片，总体形态和现代羽毛非常相似，唯一的区别在于它的羽片是对称

分布的。尾羽龙的身体后面拖着一条短尾巴，而尾巴末端也长有一束扇形排列的尾羽。

有的古生物学家认为，尾羽龙是由某种丧失飞行能力的鸟类进化而来的，所以它的羽毛是进化的，而不属于原始羽毛类型；而有的古生物学家则认为，尾羽龙的喙部、尾骨和髋骨等部位的特征暗示它与窃蛋龙有亲缘关系，它不属于鸟类，而是一种恐龙。

实际上，尾羽龙的骨骼形态比始祖鸟要原始。从它的头后骨骼形态来看，它的羽毛短小而对称，前肢和尾部上虽然有羽毛，但它的前肢很小，尾巴上羽毛也不丰满。可见尾羽龙是不能飞的。它应该是只能奔跑的动物。

尾羽龙化石的发现，为研究鸟类羽毛起源提供了重要信息。恐龙学专家认为，羽毛的最初功能并非飞行，而是保暖或者吸引配偶。羽毛不再是鸟类的独有特征，在鸟类出现之前，某些种类的恐龙就已经长有羽毛了。所以，我们看到长羽毛的动物化石时，一定要仔细观察它的骨骼形态后才能确定它属于鸟类还是恐龙。长羽毛的动物未必是鸟类，它有可能是一只长着羽毛、栖息于地面上的恐龙呢。

从尾羽龙的化石来看，在尾羽龙的胃里有一些小石子，有些尾羽龙化石的胃石数量非常多，甚至可达数百枚。这些胃石在现代鸟类的胃中很常见，主要用于磨碎帮助消化食物，但在兽脚亚目恐龙当中，胃石是非常罕见的。因此，生物学家认为尾羽龙可能以植物为食。

目前，尾羽龙有两个物种已被命名，分别是邹氏尾羽龙及董氏尾羽龙。尾羽龙化石首先于 1997 年在中国辽宁省被发现。

肿头龙真的会“铁头功”吗？

肿头龙是一类奇特的鸟脚亚目恐龙，生活在白垩纪晚期的北美洲。它的体长超过 4.5 米，重约 450 千克。肿头龙颈部短而厚实，身躯不太大，前肢短，后肢长，可直立行走，尾巴较长，可用来保持身体平衡。

肿头龙最大的特点是头骨顶部出奇地肿厚并隆起，好像长着一个巨瘤，它也因此而得名。仔细观察，你会发现就连它的头部周围和鼻尖上都布满了骨质小瘤。有些个体头颅背部有钉状突起，长达 13 厘米，颅骨后面有一个形似保龄球的骨质棚，厚约 25 厘米。千万可别小看这些“骨瘤”，有了这些“法宝”，肿头龙才能更好地施展它的独门武艺“铁头功”。

据古生物学家推测，在搏斗中，肿头龙可能会利用颅骨后面的骨质棚进行碰撞。不过由于骨质棚面积较小，碰撞时很容易使身体其他部位受到损伤，尤其是脖子很容易扭伤。当骨质棚受到强大的冲击力时，可能会将震荡通过神经传到全身，从而避免头部受到严重损伤。当然这种碰撞并不是用来对付敌人的，而是在和其他肿头龙进行决胜时才会出此“狠招”。成年的雄性肿头龙会通过撞头确定自己在群体中的地位，在繁殖季节，它们也

可能以这种方式决出胜负，胜者会获得优先交配权。此外，肿头龙的视觉和嗅觉非常敏锐，当发现附近有敌人出没时会快速逃离。

目前，科学家还无法确定肿头龙到底吃什么食物，不过与同时代的鸭嘴龙不同的是，肿头龙的牙齿虽然小但很锐利，这样的牙齿嚼不烂纤维丰富的坚韧植物，所以肿头龙的食物可能由植物的种子、果实和柔软的树叶构成，甚至昆虫也可能是它的食物之一。

蜀龙和酋龙是好朋友吗？

大约 1.6 亿年前的侏罗纪中期，在中国四川省自贡市大山铺生活着两种可爱的恐龙——蜀龙和酋龙。它们同属蜥脚下目恐龙，主要生活在河畔湖滨地带，以植物的嫩枝叶为食，并能够和睦相处。

蜀龙的身体笨重，身长约 9.5 米，前肢略长，后肢粗壮，行动非常缓慢。它的尾巴后面有个棒状的“尾锤”，当遇到危险时，它会挥舞起那骨质的尾锤，将敌人吓跑。酋龙长着一个硕大厚重的脑袋，牙齿很大，呈铲状，颈椎颀长，后段具有分叉的神经棘，且一直延续到背脊椎的前段。

作为同一时期的植食性恐龙，酋龙与蜀龙之间有着相似的特征。不过，酋龙的脊骨比蜀龙要高，牙齿更宽些。这样的身体构造说明酋龙是以高大植物的树叶为食的，而不会与蜀龙去争抢低矮植物。由于它们之间没有太大的利益冲突，所以很可能是好朋友。

梁龙长什么样子?

生活在侏罗纪晚期的梁龙是一种大型的四足植食性蜥脚下目恐龙，它完整的骨骼至少长 25 米，比一个网球场还要长，是世界上已被确定身份的体长最长的恐龙之一。

梁龙的脑袋很小，脸部很长，最奇特的是它的鼻孔长在眼眶的前上方。梁龙的四肢像柱子一样，前肢比后肢短，所以臀部高于前肩，每只脚上有五根脚趾，其中一根脚趾上长着爪。长长的尾巴逐渐向末端变细，像一条弯曲的长鞭子。

尽管梁龙体形庞大，但是它的体重只有十几吨，这主要是因为它那长长的脖子和尾巴加起来就占了身长的三分之二，再加上梁龙的骨头中间是空的，这样一来它的整个身体就没那么重了。

平时，梁龙喜欢在长满高大蕨类和其他植物的丛林里结伴觅食。它们没有固定的栖息地，只要有树蕨、苏铁、银杏、松柏等高大植物生长的地方，都可以看到它们的身影，因为这些植物是它们维持生计的“口粮”。长长的脖子能使它们吃到大树顶端的叶子，小巧的头部又能让它们很轻易地把头探进树林，吃到其他恐龙不容易吃到的植物。梁龙走起路来非常慢，它们总是把一个地方的食物全吃光后再迁徙。

由于梁龙的牙齿只长在嘴的前部，而没有用来咀嚼食物的后排牙齿，所以它吃东西的时候不咀嚼，而是将树叶等食物直接吞下去，靠肌肉发达的胃发挥消化作用。在梁龙的胃里有一些能将食物磨碎的胃石，食物被磨碎后到达盲肠，而盲肠里的细菌会对食物完成最后的消化。

当受到肉食性恐龙攻击时，梁龙会用它强有力的尾巴来鞭打敌人，迫使进攻者后退；或者用后肢站立，用尾巴支撑部分体重，以便能用巨大的前肢来自卫。梁龙前肢内侧脚趾上有一个巨大而弯曲的爪，那可是它锋利的自卫武器。

除此之外，梁龙的身体上还有一个独特的部位，就是脊椎骨，其身体由一串相互连接的脊椎骨支撑着。它的脖子由 15 块脊椎骨组成，胸部和背部有 10 块，而细长的尾巴内竟有大约 70 块，尾部中段每节尾椎都有两根人字骨延伸构造，这种“双梁”结构不仅可以保护尾部血管，还能保证身躯庞大的梁龙用尾部下压触地来将身体撑起来，它的学名“双梁”也是由此而来。

鸟面龙长什么样子？

鸟面龙是一种很像鸟类的兽脚亚目恐龙，生存于白垩纪晚期的蒙古国，是已知最小型的恐龙之一。它名为“鸟”，却不会飞，而是用两腿行走，其体形如火鸡一般大小，只有60厘米长。鸟面龙脖子较长，有修长的颌部及小型的牙齿，一条长尾巴，前臂短小，臂前端长有一个很钝的爪，专门用来挖掘昆虫（如白蚁）的巢。巢穴挖开之后，它会将细长的嘴巴伸进洞穴去吸食昆虫。

比起始祖鸟来，鸟面龙已经进化了许多，不过它与现代鸟类还是有很大的差别。科学家认为，鸟面龙代表了恐龙向鸟类进化过程中的较高级阶段。

翼龙会飞吗?

与恐龙同时出现在三叠纪的翼龙是最早能够飞行的脊椎动物。它的外形像鸟，头比躯干大，颈部与头部垂直，以关节相连。前肢上的前三指退化成小钩状，第五指消失，第四指特长，支撑着由身体侧面伸展开来的皮膜，形成飞行的关键器官。它不仅能飞，而且还很可能是飞行能手。在恐龙称霸陆地时，翼龙则占据着整个天空。

很多人都认为翼龙是会飞的恐龙，而事实并非如此。一位苏联古生物学家在哈萨克斯坦发现了一块完整的翼龙化石，化石显示翼龙全身长有又细又长的毛发，且像羊毛一样呈弯曲状。这些毛发和今天哺乳动物身上的毛发一样，是用来保温和隔热的。至今在全世界发现了 130 多种翼龙的化石，所有的翼龙都有细小中空的骨头，翅膀是由皮肤连接长指骨和腿构成的，这说明翼龙并不是会飞的恐龙，而是恐龙的近亲。

早期的翼龙还长有牙齿和尾巴，进化到晚期，牙齿和尾巴均已消失，并且体重减轻，向着适宜飞行的方向发展。晚期翼龙种类的另一个变化是头骨向后延伸出一根长长的冠状突，这有利于翼龙迎风抬起头颈部。同时，它还具有导航的作用，使翼龙始终处于迎风方向，有利于滑翔。

翼龙有着敏锐的视力，能从空中发现在水中游动的鱼、虾等小型水生动物，并可迅速俯冲下去，准确地进行捕食。根据发现于英国湿沙地区成千上万的小翼龙骨片化石，人们推测，处于繁殖期的翼龙很可能具有类似家庭单位的结构。到了繁殖期，雌翼龙会将卵产在地上，以自己高于环境温度的体温将卵孵化。幼崽出世后，会得到无微不至的照料，直到能单独飞行觅食。

鹦鹉龙和鹦鹉很像吗？

鹦鹉龙又叫鹦鹉嘴龙，是生活在白垩纪早期的一种小型植食性恐龙，因为它的嘴酷似鹦鹉的喙而得名。科学家根据它的体形及生存年代来推断，鹦鹉龙很可能是大部分角龙类恐龙的祖先。

鹦鹉龙是已知恐龙中种类最多的一种，到目前为止，人类发现并命名的鹦鹉龙有 12 种。鹦鹉龙的身形娇小，体长 2.5 米，整个身体较为肥厚，特别是颈部又短又粗，头部较短，呈长方形，喙部弯曲，嘴前方没有牙齿，上颌与下颌每侧各有 7 ~ 9 颗三叶状的颊齿。鹦鹉龙正是凭着厚而锐利的角质喙和颊齿咬断和切碎植物的茎叶或坚果，不过没有适合咀嚼的牙齿，它也需要胃石帮助消化。

鹦鹉龙特别喜欢有汁液的植物，它的前肢较长，掌上有四指，第四指较短，非常适合握持树枝，而后肢上的趾相对来说则要短得多。它不像其他恐龙那样拥有尖角或者颈盾能够保护自己，所以选择群居生活。如果真的遇到掠食者，它们不会坐以待毙，而是迅速地奔跑，以获得逃生的机会。

你知道脖子最长的恐龙是谁吗?

马门溪龙是恐龙世界中的“长脖”大王，是已知脖子最长的恐龙。它从尾巴梢到鼻子尖的总长度超过 20 米，甚至达到 30 米，其中脖子就占了 15 米。仔细观察，你会发现构成马门溪龙脖颈的每一根颈椎都比较长，而且数量多达 19 节，比其他任何一种

长脖子的蜥脚下目恐龙的都多。正是因为这条长脖子的存在，才使马门溪龙的身体显得异常苗条。

马门溪龙是生活在侏罗纪晚期的蜥脚下目恐龙，头骨轻巧，头骨孔发达，牙齿呈勺状，下颌瘦长。它粗壮的四肢着地时活像一座拱桥，能承受全身的重量，长长的尾巴和颈部就像一头接地、一头上山的引桥。尽管它体形庞大，但脑袋却小得可怜，甚至还不如它的一块脊椎骨大。

马门溪龙的长脖子被相互叠压在一起的颈椎支撑着，因而十分僵硬，转动起来相当缓慢。那么遇到敌人该如何是好呢？原来，马门溪龙的视力非常好，其眼眶内的巩膜环可以调节光线，这样它不用来回转动脖颈就能洞察大范围内的情况了。

马门溪龙喜欢成群结队穿越森林，在它们生活的地区到处都生长着杉树。它们用细小呈钉状的牙齿啃食树叶，长长的脖子使它能轻易地吃到别的恐龙够不着的树顶嫩叶。遇到敌人偷袭时，马门溪龙会用长长的尾巴鞭打对方，以保护自己。

嗜鸟龙是不是爱吃鸟类？

嗜鸟龙是生活在侏罗纪晚期的一种小型肉食性恐龙。比起其他恐龙，嗜鸟龙的身体非常小，和一只山羊差不多大，但它却非常精明强悍，算得上是当时最出众的恐龙之一了。

嗜鸟龙体重很轻，最大的特征是头顶上有一个小型头盖骨。它的前肢较短，可以抓握东西，长长的后肢则像鸵鸟腿一样强韧有力，能快速奔跑，这使得许多躲在草丛中的小恐龙都逃不出它的魔掌。当遇到强敌时，它会撒腿就跑。

虽然它名叫嗜鸟龙，但并不能说明它是以捕食鸟类为生的，目前也没有证据显示它曾捕食过鸟类，研究结果证实它可能捕食小型陆生脊椎动物。

嗜鸟龙头顶上的小型头盖骨上有个大大的眼窝，由此可以推断它有一对大眼睛，视力超常，这可以帮助它辨认奔跑或躲藏在蕨类植物及岩石下面的蜥蜴和小型哺乳动物。在嗜鸟龙的前肢上有两根手指特别长，很容易抓紧猎物。在追赶猎物时，它会借助长长的尾巴平衡自己的身体，然后利用第三根指头向内弯曲，这样就能将猎物牢牢地抓住了。一旦这些倒霉的动物被捉住，嗜鸟龙便会十分迅速地利用自己锋利而弯曲的牙齿收拾掉它们。有时孵育中的其他恐龙也可能成为它的美味。

为什么板龙被称为“大胃王”？

在板龙之前，地球上植食性动物普遍体型较小，板龙可以说是生活在地球上的第一种巨型植食性恐龙。它的身躯庞大，身体有一辆公共汽车那么长，长着很长的颈部和尾巴。它除了四足行走外，还可直立，被认为是侏罗纪时期的雷龙、腕龙、梁龙等大型蜥脚下目恐龙的祖先。

板龙的身体呈筒状，头部细小而狭窄，口鼻部较厚。它的后肢粗长，前肢短小，上面长有五根长短不一的指头；外侧的两根较短，中间的两根较长，粗大的拇指能够自由活动，上面长有一个顶端尖尖的指爪。板龙在行进的时候总是将指头按在地上，但当它要抓东西时，就会将五根指头弯曲，紧紧地攥成一个拳头。除了抓摘食物外，板龙还用前肢来驱赶敌人。

板龙是出了名的“大胃王”，所到之处的森林会被它整个摧毁。在它的嘴里长着很多树叶状的小牙齿，这些牙齿又扁又平，只是边缘有一些小锯齿。这些小锯齿可以帮助板龙撕咬植物，但起不到咀嚼的作用。它的胃里有一个比篮球还大的嗉囊，嗉囊里装着很多胃石，这些胃石就像研磨机一样，能把吃进的食物碾成糊状，供板龙慢慢消化。

对于笨重的板龙来说，直立行走是非常不容易的，所以四肢着地的走路方式对它们来说会更舒服、自然。由于板龙的身体硕大，不容易散热，因此它们常在缺乏食物的干旱季节集体向海边迁徙，有时还要横越沙漠，忍受酷暑，一旦在中途迷路，就会发生集体灭亡的惨剧。

戟龙长什么样子？

戟龙是生活在白垩纪晚期的一种中型角龙，体长约 5.5 米，重约 2.7 吨。在它那巨大的颈盾边缘长着 4 ~ 6 根尖利的骨棘，活像古代战将背后插的一排“画戟”。戟龙的头部和身体特征与它的亲戚尖角龙非常相似，鼻子附近也有一根长长的大角，有 60 厘米长，看上去既壮观又恐怖。

戟龙的骨架具有典型的角龙亚目恐龙的特征，它们的头颅硕大，有着坚固的颈椎，尾巴较短，四肢异常健壮，脚趾由角质覆盖

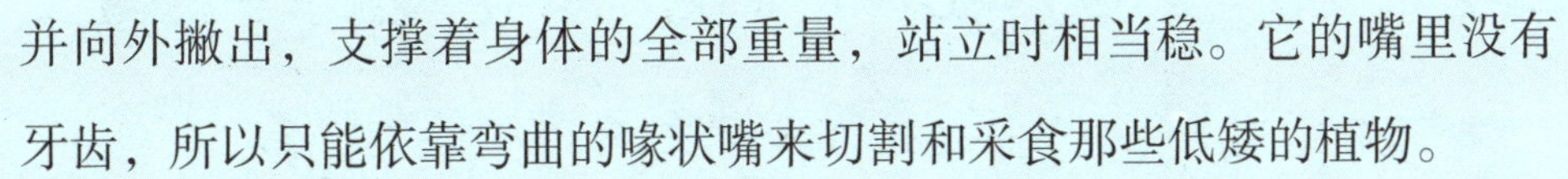

并向外撇出，支撑着身体的全部重量，站立时相当稳。它的嘴里没有牙齿，所以只能依靠弯曲的喙状嘴来切割和采食那些低矮的植物。

戟龙的防御和进攻能力都是一流的，带刺的颈盾不仅可以保护自己，而且减轻了头部的重量，使头部活动更加灵活。角和颈盾上的骨棘像一把把利剑，是反守为攻的武器。同肉食性恐龙搏斗时，它只要将头从下往上使劲一抬，数把“利剑”会立刻刺进迎面扑来的入侵者的皮肉，并留下一道道深深的伤口。在同类间争夺领导权时，戟龙则会利用肩部的骨棘相互推挤，宽厚的肩膀在这时也能助它一臂之力。

慢龙的动作很慢吗?

慢龙也叫缓龙，是生活在白垩纪晚期的一种兽脚亚目恐龙，体长6～7米，与现今最大的鳄鱼差不多。由于它不能像其他兽脚亚目恐龙那样快速奔跑，只能轻快地行走，顶多是慢跑，平时都是懒洋洋地缓慢踱步，因此人们给它起了这样一个名字。

慢龙同时具有兽脚亚目、原蜥脚下目和鸟臀目恐龙的特征。它的头部小而窄，下颌单薄，颌后长有能够切割食物的利齿，这一点和其他两足行走的肉食性恐龙相

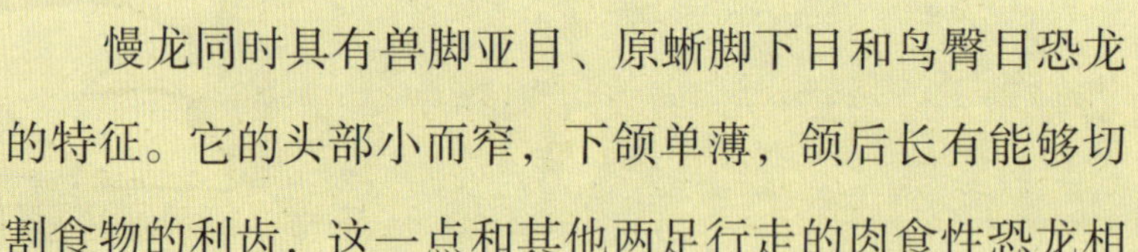

同，但颌前部是一个没长牙齿的喙状嘴，这又和某些植食性恐龙相同。慢龙的前肢短小，生有三根指头，指尖上还有利爪，后肢粗短矮壮，脚板宽厚，生有四趾。有些专家还认为它的脚上很可能有蹼。

鉴于慢龙这种特殊的形态，科学家们对慢龙的生活方式产生了分歧。一种观点认为，慢龙是在水中进行捕食的，因为如果慢龙脚上有蹼，那说明它会游泳，但慢龙的下颌显得无力，似乎又不适合捕食滑溜溜的水中动物；另一种观点则认为，慢龙以蚁为食，因为它有力的前肢和长长的爪可以像现今的大食蚁兽那样，轻易地挖开蚁巢取食蚂蚁；第三种观点认为慢龙吃植物，因为它的喙、两颊的颊囊都说明它可以很有效地啮食叶子并嚼成碎片，而且它趾骨向后，使腹部有更大的空间可以容纳消化植物所需的很长的肠子。目前，这三种观点只是猜测，都未被证实。

蛇颈龙的脖子很长吗？

蛇颈龙是出现在三叠纪晚期的大型食肉爬行动物，在侏罗纪迅速繁殖，到白垩纪末期灭绝。它的头比较小，颈很长，躯干像乌龟，尾巴稍短，看上去就像一条蛇穿过了一个乌龟壳一样，它喜欢在浅水环境中生活。

蛇颈龙的头部虽然扁小，但是嘴很大，里面长着许多细长的锥形牙齿，非常适宜捕食鱼类。蛇颈龙是那个时代最大型的海生动物之一，体长达 2 ~ 15 米。它们的四肢已经进化为适宜划水的肉质鳍脚，能在水中往来自如。

但并不是所有的蛇颈龙的脖子都很长，根据脖子的长短，可将蛇颈龙分为长颈型蛇颈龙和短颈型蛇颈龙。长颈型蛇颈龙的脖子极长，身体宽扁，主要生活在海洋中，四个鳍脚就像大大的船桨，能帮助身体在水中进退自如，灵活转动。短颈型蛇颈龙的脖子则较短，身体粗壮，头部较大，有长长的嘴，鳍脚大而有力，适于游泳。

薄板龙是蛇颈龙中比较有名的一类，主要分布在北美。它的脖子长达8米，超过了身体全长的一半，但几乎是僵硬的，只能做小范围的弯曲。科学家推测它会把长长的脖子伸进鱼群里，而庞大的躯干部分留在远处，当鱼群受到惊吓时，趁乱捕食鱼类。

尽管长脖子能帮助薄板龙捕食更多的猎物，但这也是它致命的弱点。由于脖子太长，所以它的行动缓慢，难以逃避其他掠食者的突然袭击。一旦遭到袭击者的攻击，就会因反应迟钝而身首异处，这一点可以从发现的诸多没有脑袋的薄板龙化石中得到验证。